# 经典泥沙运动理论

窦国仁　窦希萍　著

科学出版社

北京

## 内 容 简 介

本书系统阐述河流泥沙运动学的经典理论，重点介绍泥沙的沉降速度，起动规律，底沙运动的尺度分析、水动力学分析和统计分析，悬沙的扩散理论、重力理论、巴连布拉特理论、弗朗克里理论以及有代表性的挟沙能力公式和含沙量沿程变化规律，各公式均有详细推导过程，并附有例题以便对照学习。

本书可供水利、力学、地质地理和生态环境等方面的相关专业本科生和研究生参考，也可供相关专业的设计、科研、高校人员以及对泥沙运动研究感兴趣的读者参考。

**图书在版编目（CIP）数据**

经典泥沙运动理论/窦国仁，窦希萍著. —北京：科学出版社，2023.5
ISBN 978-7-03-074025-0

Ⅰ. ①经… Ⅱ. ①窦… ②窦… Ⅲ. ①泥沙运动–理论 Ⅳ. ①TV142-0

中国版本图书馆 CIP 数据核字（2022）第 228865 号

责任编辑：周　丹　曾佳佳/责任校对：郝璐璐
责任印制：吴兆东/封面设计：许　瑞

*科学出版社* 出版
北京东黄城根北街 16 号
邮政编码：100717
http://www.sciencep.com
北京厚诚则铭印刷科技有限公司印刷
科学出版社发行　各地新华书店经销
*

2023 年 5 月第 一 版　开本：720×1000　1/16
2024 年 6 月第二次印刷　印张：10 3/4
字数：215 000
定价：99.00 元
（如有印装质量问题，我社负责调换）

# 前　　言

　　父亲窦国仁 1951 年高中毕业后经考试选拔,被公派至苏联列宁格勒水运工程学院(现名圣彼得堡水上交通大学)留学,师从著名泥沙专家马卡维耶夫教授。1960年 7 月通过由苏联教育部组织的博士论文答辩,获科学技术博士学位,时年 28岁。答辩后即回国,到南京水利科学研究所(现名南京水利科学研究院)工作。本书源自父亲 1960 年撰写的俄文书稿,1963 年译成中文,主要介绍泥沙运动学形成过程中各国学者的代表性研究成果,也包括他本人的研究成果,其油印本《泥沙运动理论》被一些高等院校、科研单位翻印,并作为水利电力部举办的全国泥沙培训班讲义。

　　20 世纪 90 年代末,父亲曾计划以《泥沙运动理论》为底本进行扩充,系统总结此后 40 年来在泥沙运动理论和工程泥沙方面取得的研究成果,并拟定了 25个章标题,内容包括泥沙运动、紊流、工程泥沙及物理模型和数学模型等。2001年 5 月父亲因病去世,这一写作计划未能进行下去。2005 年,我的博士生导师、河海大学王惠民教授建议我在完成博士论文后先将父亲的《泥沙运动理论》讲义整理出版,并请当时河海大学出版社施萍副社长帮助将油印稿转为电子版。但因油印稿字迹模糊,很多俄文字母、符号、公式、图表等都需要勘订,工作量大,加之我科研任务繁重,修订工作断断续续,一直没能完成,这也成为我一桩未了的心事。2021 年底,我退休后的第一件事就是继续修订讲义,在一遍又一遍地审读和公式推导中,深深感到前人的研究工作堪为经典,不仅奠定了泥沙运动的理论体系,在泥沙研究史上具有珍贵价值,而且对指导我们当今的泥沙研究仍具有重要作用,故书名为《经典泥沙运动理论》。

　　泥沙研究涉及的领域很广,如水利、水运、电力等,对泥沙运动规律的正确认识与否直接关系到工程建设的成败。随着传统泥沙研究向生态环境等领域拓展,泥沙在交叉学科的应用也越来越多,掌握泥沙运动基本规律和研究方法将有助于在相关领域取得突破性进展。如果读者通过阅读本书,对泥沙研究感兴趣,并能发扬光大,就达到了本书的目的。

　　本书编写过程中,得到了很多人的鼓励和帮助,在此,特别感谢河海大学王惠民教授和施萍教授为本书所做的工作,感谢同济大学刘曙光教授对俄文参考文献的校订,感谢美国马里兰大学李明教授提供了清晰版的爱因斯坦推移质输沙公式与实测值对比图,感谢中国水利水电科学研究院陈敏建教授、清华大学张红武教授、浙江工业大学陈婷讲师、浙江省水利河口研究院王申高级工程师、南京外国语学校李鸿彬教授以及南京水利科学研究院罗肇森正高级工程师、胡又高级工程师、杨红编审、段子冰编审、滕玲高级工程师、李翠华高级工程师、冯中华正高级工程师、陈昊袭编审、张新周正高级工程师、缴健高级工程师等的热心帮助。

今年恰逢父亲九十周年诞辰，本书得以出版，深感欣慰。

最后，衷心感谢南京水利科学研究院为本书出版提供的资助。

窦希萍

2022 年 12 月

# 目　　录

# 第1章　河流泥沙的一般概念

## 1.1　泥沙的一般特征

河流中的泥沙，在运动过程中，特别是在起动和沉降过程中，彼此不断冲撞和摩擦，因而它们一般都具有比较光滑的形状。然而由于构成泥沙的矿物质不同，其原始形态也不一样，磨光后的泥沙颗粒也具有不同的形态。在进入河流前是平板状的沙粒，在运动过程中除了磨去棱角外，仍然保持平板形状，只不过更薄一些。原来为块状体的泥沙颗粒在磨光后，将接近于球体和椭圆体。一般来说，颗粒越大，运动过程中磨损越强，因而表面越光滑，其形状越接近球体；颗粒越小，棱角越多，与球体相差越远。用显微镜观察细颗粒泥沙时可以看到，细颗粒泥沙的形状很不规则，多棱多角。为了简化理论分析，通常把泥沙颗粒当作球体来处理，用同体积球体的直径来表示颗粒的直径。应当指出，一般较粗沙粒同椭圆体更接近一些。对这些较粗颗粒泥沙的观察表明，其长宽高间存在着一定的统计上的关系。如果用 $a$ 表示颗粒的长度，用 $b$ 表示其宽度，用 $c$ 表示其高度，用 $d$ 表示其同体积球体的直径，根据岗恰洛夫以及笔者(第一作者)的观察可以近似地认为

$$\frac{a}{d} : \frac{b}{d} : \frac{c}{d} = \frac{9}{6} : \frac{6}{6} : \frac{4}{6} \tag{1-1}$$

虽然这些数值是从较粗颗粒的测量数据中获得的，但在应用中也可以近似地推广到较细颗粒。因为对后者来说，即使采用另外的数值也不可能准确地表示其真实的形状。

在实际工作中，通常采用筛分法来量度较粗颗粒的平均尺寸。如果泥沙颗粒通过了孔径为 $K_1$ 的筛，而不能通过孔径为 $K_2$ 的筛，则这些颗粒的平均尺寸 $b$(或平均粒径 $d$)应当等于 $\frac{K_1 + K_2}{2}$。不可否认，这样量得的平均尺寸间颗粒宽度与同体积球体直径 $d$ 间有一定的差别，然而许多测量数据表明，这个差别是不大的，从统计观点来看，可以认为上述三个数值是相等的。

在河流中运行的泥沙和河床泥沙，一般都是不均匀的，有粗有细，通常用颗粒级配曲线来表示泥沙的组成(或称机械组成)，此种曲线形式如图 1-1 所示。如果泥沙中粗颗粒较多，则级配曲线将具有图 1-1 中 $a$ 的形式；如果细颗粒较多，则级配曲线将与图 1-1 中 $b$ 相似；如果各种粒径泥沙的数量接近相等，则级配曲

线与 $c$ 相似；如果泥沙粒径比较均匀，则级配曲线将呈 $d$ 的形式。

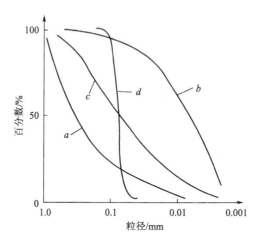

图 1-1　泥沙级配曲线示意图

在讨论不均匀泥沙时，为了使问题简化，通常采用代表粒径的方法，即认为某一粒径可以代表全部泥沙组成，然而也有人采用 $d_{60}$（级配中大于 60% 的粒径），还有人采用 $d_{65}$，但一般多采用加权平均粒径，即

$$d_{平均} = \frac{\sum d_i P_i}{100} \tag{1-2}$$

式中：$d_i$——某级粒径的算术平均值；

　　　$P_i$——含有此级粒径泥沙的百分数（以质量计）。

采用这种平均粒径在表示较粗颗粒泥沙时，仍能得到较为满意的结果，然而在表示细颗粒泥沙时，往往不如采用中值粒径 $d_{50}$ 更能反映泥沙的实际情况，目前在我国一般都用 $d_{50}$ 来表示不均匀泥沙的粒径。应当指出，当级配曲线具有突变时，$d_{50}$ 就不能较好地反映泥沙的平均特征。

泥沙在运动过程中的磨损，不仅使得沙粒具有较为光滑的形状，而且也使得沙粒的质量不断减少。如果假定沙粒在 $dx$ 距离内的磨损量 $dw$ 与沙粒的质量 $w$ 和 $dx$ 成正比，则可写出

$$dw = -\alpha w dx \tag{1-3}$$

式中：$\alpha$——比例系数，其值同沙粒的坚硬度有关；

　　　公式右部的负号——表示颗粒质量随着 $x$ 的增加而减少。

将式（1-3）积分，则有

$$\ln w = -ax + c \tag{1-4}$$

式中：$c$——积分常数，可由边界条件确定。如果令 $w_0$ 表示起始点（即 $x=0$ 点）的

沙粒质量，式(1-4)可以改写为

$$w = w_0 e^{-\alpha x} \tag{1-5}$$

由于颗粒的质量与其粒径的立方成正比，粒径沿程的减小可由下式确定：

$$d = d_0 e^{-\frac{\alpha}{3}x} \tag{1-6}$$

式(1-5)或式(1-6)就是著名的斯滕伯格公式，于 1875 年首次见于文献[1]中。这个公式同莱茵河等粗质河床的情况比较接近。然而应当指出，在天然河流中，泥沙粒径的沿程减少不仅是磨损的结果，也是水力分选的结果。河流的上游(山区段)一般具有较大的比降，流速也较大，较细颗粒泥沙多被悬浮而下泄，因而河床中的泥沙较粗，由于比降沿程变缓，流速沿程变小，较粗颗粒沿程落淤，因而越到下游，颗粒越细。关于这种分选现象的存在，在洛赫京的著作中就有所提及[2]。需要说明，在一般河流中粒径沿程的变化，不仅受磨损和分选的影响，而且也受支流泥沙粒径的影响，忽视这点就不可能很好地解释天然河道中的泥沙粒径的变化规律。

随着泥沙粒径的变化，其物理化学性质及力学效应均有所改变。可以按照粒径的大小，粗略地把泥沙分为 13 级，各级泥沙的习惯名称见表 1-1。

**表 1-1　泥沙粒径大小与分类**

| 直径/mm | <0.005 | 0.005~0.01 | 0.01~0.05 | 0.05~0.1 | 0.1~0.5 | 0.5~1.0 | 1.0~2.0 | 2.0~5.0 | 5.0~10 | 10~20 | 20~50 | 50~100 | >100 |
|---|---|---|---|---|---|---|---|---|---|---|---|---|---|
| 名称 | 黏土 | 淤泥 | 粉土 | 粉沙 | 细沙 | 中沙 | 粗沙 | 细砾石 | 粗砾石 | 细卵石 | 中卵石 | 粗卵石 | 顽石 |

顺便指出，虽然河流中泥沙的矿物组成不尽相同，但其容重则相差不大，在一般情况下，泥沙颗粒的容重为 2.55~2.75 t/m$^3$，最常见的则为 2.65 t/m$^3$ 左右。

表示泥沙颗粒的特征值，除了上述的几何粗度外，尚有沉降速度和起动流速等数值。关于这些特征值的定量分析，将在后面的章节中进行，本章的下面几节将阐述泥沙的分类及其物理概念。

**例 1-1**　已知某河床泥沙的机械组成如下：

| 粒径范围/mm | 0.05~0.1 | 0.1~0.2 | 0.2~0.5 | 0.5~1.0 | 1.0~2.0 |
|---|---|---|---|---|---|
| 质量/g | 6.0 | 8.0 | 7.5 | 5.5 | 3.0 |

试求其平均粒径。

**解**　由于沙样的总重为 6.0+8.0+7.5+5.5+3.0=30 g，故可求得各级粒径的百分数及累计百分数如下：

| 粒径范围/mm | 0.05~0.1 | 0.1~0.2 | 0.2~0.5 | 0.5~1.0 | 1.0~2.0 |
|---|---|---|---|---|---|
| $d_i$/mm | 0.075 | 0.15 | 0.35 | 0.75 | 1.5 |
| 所占百分数/% | 20 | 26.7 | 25 | 18.3 | 10 |
| 累计百分数/% | 20 | 46.7 | 71.7 | 90 | 100 |

将表中数值代入公式(1-2)，求得平均粒径为

$$d_{平均} = \frac{0.075 \times 20 + 0.15 \times 26.7 + 0.35 \times 25 + 0.75 \times 18.3 + 1.5 \times 10}{100}$$

$$\approx 0.43 \, \text{mm}$$

## 1.2　河流泥沙与流域侵蚀

在河流中运动着的泥沙，从其来源可以分为两大类：一是直接由流域而来，二是从河床冲起。前者可以称作流域质泥沙，后者可以称作河床质泥沙。当然河床质泥沙一般来说，也是从流域来的，但它是河流长期堆积的产物。河床质泥沙运行数量的多寡，在很大程度上取决于河流动力的强弱。例如，流速较大时，将有较多数量的泥沙从河床冲起并为水流所挟带。当流速较小时，从河床冲起的泥沙就要少一些。当流速小于一定数值后，河床泥沙将处于静止状态，当然这并不意味着从河床冲起的泥沙数量与河流中的流域质泥沙数量完全无关。只是在一般情况下，由于流域质泥沙比河床质泥沙细很多，水流挟运微小颗粒的能力很强，流域质泥沙的存在对河床质泥沙运移数量的影响才处于次要地位。但是，在某些情况下，这种影响可能很大，也可能具有决定性的作用。与上述情况相反，流域质泥沙则决定着冲积河流的水力因素和河床形态，当流域来沙较多时，河流为了能够输送这些泥沙而具有较陡的比降和较大的流速。

流域质泥沙是全流域土壤侵蚀的产物，它在河流中数量的多寡，主要取决于流域水土流失的程度。当然，在某些情况下，流速的强弱，对流域质泥沙也将有一定的影响。影响流域水土流失的因素很多，其中主要因素是气象、土壤、地貌等条件以及人类活动情况，特别是农林种植和水土保持工作。上述三项主要自然因素对土壤侵蚀的影响是错综复杂的，某一种因素的影响程度将受制于另外两种因素的组合情况，同时这些因素也互相影响。例如，气象条件在很大程度上取决于当地的地貌条件，而气象条件本身又在某种程度上影响土壤表面的抗冲强度。

这里需要特别指出，气象条件对水土流失影响的多重性。例如，加速水土流失的降雨强度与气象条件有关，阻止水土流失的植物覆盖层也与气象条件有关等。如果把上述影响水土流失的主要因素加以具体化，可以用降雨量(或者径流模数)来表示气象因素，用土壤的抗冲强度表示土质因素，用地面坡度表示地貌因素，

用植物覆盖程度表示气象因素和人类活动对水土流失的影响。

目前对确定河流中流域质泥沙数量的研究还很不够，结合我国河流具体情况的研究也很少[①]，在这方面值得着重指出的是洛帕京的研究成果[3]，这位学者认为可以写出下面的关系式：

$$S_{cp}=f(气象·土质·地貌·植被)=f(M·D·K·P) \tag{1-7}$$

式中：$S_{cp}$——河流中流域质泥沙的多年平均含沙量；

　　　$M$——多年平均径流模数；

　　　$D$——土壤的抗冲强度；

　　　$P$——植物覆盖程度；

　　　$K$——流域地面坡度。

应当指出，流域的水量越大(换句话说，径流模数越大)，土壤流失数量应当越多。虽然沙量随着径流模数的增加而增加，但水量也将相应增加，因而径流对含沙量的影响是比较小的。在粗估流域质泥沙的含沙量时，可以不考虑这个影响，即把式(1-7)改写如下：

$$S_{cp}=f(D·K·P) \tag{1-8}$$

上述各因素对流域质泥沙的影响程度，还难以作定量分析，特别是在讨论一个面积大的流域对流域质泥沙数量的影响时更为困难，因而洛帕京认为可以采用简单的分级方法来考虑每种因素的数量差别。洛帕京把每种因素都分为四级，例如土壤的抗冲强度分为：①非常坚硬的土质(岩石质土壤)；②坚硬的土质(坚硬的沉积质土壤)；③松软的土质(松软的沉积质土壤)；④很松散的土质(易冲的沉积质和黄土等)。地面坡度分为：①非常平缓地带(低洼平原)；②平缓地带(稍有起伏的平原)；③陡崖地带(高原及丘陵)；④很陡地带(山区)。植物覆盖情况也分为四类：原始森林地带、森林草原地带、草原地带和耕地与半光地带。

洛帕京分析了苏联、欧亚两洲 47 条大中小河流的资料，并根据这些资料绘制了图 1-2 的关系。这些河流中流域质泥沙多年平均含沙量的变化范围为 $10\sim3750 \ \text{g/m}^3$。当知道流域的土质情况、地貌情况和植物覆盖情况时，就可以由图 1-2 求得此河流的平均含沙量数值。

河流流域质平均含沙量的数值也可以用公式来计算，为此需要直接求解式(1-8)的关系。在建立这样的关系式时，应当用数字指标来表示各种因素对水土流失的影响程度。为了使所获得的关系式的应用范围更广一些，本书在洛帕京的分级基础上做了适当的补充。各种因素的指标列于表 1-2 中，顺便指出，洛帕京分类

---

① 结合黄河流域的水土保持工作，北研院(现名中国水利水电科学研究院)、黄科所(现名黄河水利科学研究院)等单位对黄河进行了一些研究工作。

中的第 1 类、第 2 类、第 3 类和第 4 类分别相当于本书分类中的 1、3、5 和 7。

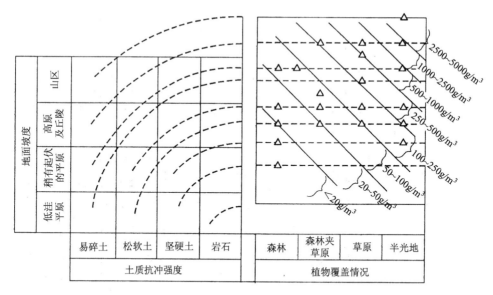

图 1-2　洛帕京绘制的估算流域含沙量图

**表 1-2　水土流失的影响因素及指标**

| 数量指标 | 土质抗冲强度 D | | 地貌倾斜情况 K | | 植物覆盖情况 P | |
|---|---|---|---|---|---|---|
| | 定性指标 | 土质 | 定性指标 | 地貌 | 定性指标 | 植物区 |
| 1 | 非常坚硬的 | 岩石质土壤 | 非常平缓的 | 低洼平原 | 很密 | 原始森林 |
| 2 | 比较坚硬的 | 卵石质土壤 | 比较平缓的 | 平原 | 较密 | 森林 |
| 3 | 坚硬的 | 坚硬的沉积质土壤 | 平缓的 | 稍有起伏的平原 | 密 | 森林夹草原 |
| 4 | 不太坚硬的 | 一般沉积质土壤 | 不太平缓的 | 丘陵平原 | 不太密的 | 草原夹森林 |
| 5 | 松软的 | 松软的沉积质土壤 | 陡的 | 丘陵 | 稀的 | 草原 |
| 6 | 比较松软的 | 比较易冲的沉积质土壤 | 较陡 | 高原 | 较稀 | 半草原半耕地 |
| 7 | 很松软的 | 易冲的沉积质 | 很陡 | 半山区 | 很稀 | 耕地 |
| 8 | 比较易冲的 | 比较易冲的黄土 | 极陡 | 山区 | 半光秃 | 草木较少的半光地 |
| 9 | 易冲的 | 易冲的黄土 | | | 光秃 | 草木很少的光地 |
| 10 | 极易冲刷的 | 极易冲刷的黄土 | | | 极光 | 没有草木的光地 |

如果在同一个流域范围内土质、植被和地面坡度变化较大时，定量指标可用下述加权平均求得

$$D = \frac{\sum D_i \Omega_i}{100}, \quad P = \frac{\sum P_i \Omega_i}{100}, \quad K = \frac{\sum K_i \Omega_i}{100}$$

式中，$\Omega_i$——相应的 $D_i$、$P_i$ 和 $K_i$ 所占的面积。

在采用表 1-2 中的数量指标时，确定流域质平均含沙量的公式可以书写如下：

$$\lg S_{cp} = 0.22(\sqrt{K^2 + D^2} + P) - 0.14$$

或

$$S_{cp} = 10^\beta \tag{1-9}$$

式中：$\beta = 0.22(\sqrt{K^2 + D^2} + P) - 0.14$，$S_{cp}$ 用 g/m$^3$ 表示。

这个公式计算的含沙量同洛帕京搜集到的苏联、欧亚两洲 47 条大中小河流资料的符合程度见图 1-3。图中的横坐标为实测多年平均含沙量，纵坐标为按照公式(1-9)的计算值。从图中可以看到，这个经验公式计算的含沙量与实测资料基本上一致。然而它能否较为准确地反映出我国河流的实际情况，还有待进一步的验证。表 1-2 中的定性指标还不够具体，也有待进一步明确。为了说明此法的计算过程，特举数例。

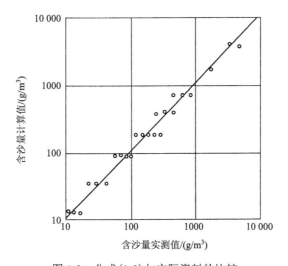

图 1-3　公式(1-9)与实际资料的比较

**例 1-2**　试计算某平原河流的流域质平均含沙量。流域内几乎全为耕地，土质为不太坚硬的沉积土。

**解**　从表 1-2 中查得，土壤抗冲指标 $D=4$，地面坡度指标 $K=2$，植物覆盖参数 $P=7$。将此数值代入式(1-9)，则得平均含沙量 $S_{cp}=242$ g/m$^3$=0.242 kg/m$^3$。

**例 1-3**　试求某流经黄土高原的河流每年由流域输走的泥沙数量。流域中 80%面积为不长草木的光地，20%为耕地，土质极易冲刷，年径流量为 422 亿 m$^3$。

**解**　从表 1-2 中知道，土壤抗冲指标 $D=10$，地面坡度指标 $K=6$，植物覆盖参

数 $P = \dfrac{80 \times 10 + 20 \times 7}{100} = 9.4$，将此三值代入式（1-9），则求得平均含沙量为 $S_{cp}$=

31 162 g/m³=31.162 kg/m³。将此值乘以年径流量，则得年输沙量为 13.15 亿 t。

　　**例 1-4**　试估算例 1-3 中提到的河流在完成水土保持工作后（假定把光秃的高原变为半草原半森林）流域质泥沙数量。

　　**解**　利用表 1-2 求得，水土保持工作完成后的植物覆盖参数为 $P = \dfrac{80 \times 3.5 + 20 \times 7}{100} = 4.2$，土质抗冲强度指标仍为 10，地面坡度指标仍为 6，根据式（1-9）求得 $S_{cp}$=2237 g/m³=2.237 kg/m³。假定径流量不变，则可知年输沙量为 0.94 亿 t，即减少 93%。此例说明，植树造林可以大大减少河流中的泥沙数量。

# 1.3　泥沙运动与河床演变

　　河流中一部分泥沙直接来自流域，另一部分泥沙来自河床，来自河床的这部分泥沙从河床起动后，一方面增加了河流中的泥沙数量，另一方面则造成了河床的冲刷。河流中的泥沙包括流域质在内，在运动过程中，不断同河床进行交换，这种交换在水流条件有剧烈改变时，将导致河床的显著变形。如果河流流速减小很多，河流中的泥沙，不论是来自流域还是来自河床，都将大量落淤，因而造成河床的缩小。从这里不难看出，河床演变同河流中的泥沙运动是不可分割的，没有泥沙运动就不可能有河床演变，在有河床演变的情况下也必然有泥沙运动。

　　在一般情况下，特别是在洪水期间，从数量上看，流域质占有绝对优势，但是由于粒径大小不同，河床质泥沙和流域质泥沙对河床演变的影响也不同。洪水季节，河床质泥沙对河床演变的影响较大，这种情况的出现，不是由于其来源不同，而是由于其颗粒粗细不同。

　　流域质泥沙中也是有粗有细的，其中粗粒的泥沙与河床演变的关系十分密切，并在进入河道后就变成了河床质的一部分。但由于流域质泥沙系流域土壤侵蚀的结果，细颗粒泥沙占有较大比重，这些细颗粒泥沙由于不易沉降，故在水流中数量很大。因此，一般来说，流域质泥沙比河床质泥沙细一些。但是在河床质泥沙中的较粗颗粒之间也夹有一部分细颗粒泥沙，因而从河床冲起的泥沙中也有一部分细的。由于细沙易于悬浮，从河床直接冲起的泥沙的平均粒径也要比河床质泥沙的平均粒径细，关于这个问题，在讨论悬沙运动时还要提及。

　　虽然流域质泥沙较细，河床质泥沙较粗，但这些泥沙在水流中的运动都受制于同一规律，其运动情况也都同水流条件有关。一些关于非胶体的细颗粒泥沙运动与水流无关的论断是没有足够根据的。这种把泥沙运动规律同其周围的水流运动完全隔离开来的观点，无助于深入分析和研究泥沙的运动规律。但是，这并不是说，粗细不同的泥沙在表现形式上没有任何差别，并且应当指出，粗细泥沙参与河床演变的程度是不同的。一方面，粗颗粒泥沙，在运动过程中沉降概率较大，对水力条件的变化反应敏感，因而同河床交换比较频繁。细颗粒泥沙由于易于悬浮，沉降概率较小，停留在床面上的可能性更小，因而参与河床演变的机会很少。另一方面，在相同的水力条件下，水流挟带细沙的能力较强，在很多河流中，由于细颗粒泥沙来源受到限制(例如流域水土流失较少，河床中没有更多的细颗粒泥沙供给等情况)，水流中的细颗粒泥沙远远没有达到饱和程度。在这些情况下，当流速减小时，并不一定有超饱和现象发生，因而细颗粒泥沙也就不一定落淤。同理，在水流中细颗粒泥沙远远没有饱和的情况下，再加入泥沙时，也就不一定有泥沙落淤。这些现象的出现并不意味着细颗粒泥沙的输移量与水流因子无关。还有另一种情况，虽然细颗粒泥沙已处于过饱和状态，但由于其沉降概率较小，恢复饱和过程(即自动调节过程)也就较长，在短距离和短时间内超饱和数量的泥沙不可能落淤下来，因而表现出细颗粒泥沙超饱和能力很强，对水流变化的反应很不灵敏，同河床演变的联系不如粗沙密切。如果对这些现象不作较为深入的分析而只从表面现象着眼，就很可能得出细颗粒泥沙运动与水流运动无关的错误结论[①]。

从上面的论述中可以看出，虽然粗细泥沙的运动都受制于水流运动，但对河床演变的作用是不同的。为了在实践中能够应用一些简单的泥沙运动规律，可以根据粗细颗粒泥沙参与河床演变的程度不同，把河流中的泥沙分成造床质泥沙和非造床质泥沙，后者也可以称作冲泻质泥沙。关于这种分类在不少著作中都有所说明(见参考文献[4]～[7]等)。这种分类是建立在这样的假定基础上，即认为粒径小于某一极限值后，这种细颗粒泥沙参与河床演变的数量很少，可以忽略不计，因而称这部分细颗粒泥沙为非造床质泥沙或冲泻质泥沙。与此同时，近似地认为河床演变完全是由那部分较粗颗粒泥沙引起的，因而把那部分较粗颗粒的泥沙称作造床质泥沙。

然而，必须着重指出这种假定的局限性。虽然细颗粒泥沙在一般情况下不易沉降，直接参与河床演变的机会较少，但在研究泥沙运动和河床演变时，却往往不能忽略细颗粒泥沙在水流中的运动及其影响。细颗粒泥沙的悬浮，一方面可能减少水流中泥沙的平均粒径及加大水流的容重，从而增强水流的挟沙能力；另一方面大量的细颗粒泥沙的运动，必将使水流中的含沙量处于饱和或接近饱和状态，从而减小水流的冲刷能力。前者的效应在水力输送(运煤)方面得到了采用，后者在许多河流中得到了证实，例如官厅水库拦洪后，海河由于含沙量的减少(其中冲

---

① 这里所指的细颗粒泥沙同参与胶体运动(或布朗运动)的极细颗粒的胶质是有本质区别的，前者的悬浮受制于水流的紊动，后者在液体中的悬浮受制于物理化学作用。对这些胶质颗粒来说，其运动规律同水流运动是无关的。

泻质泥沙大量减少），而出现了河床断面的扩大；长江中当含沙量较小时发生冲刷，含沙量较高时淤积，都说明了冲泻质泥沙对水流的冲刷能力及河床冲淤的影响。

由于这种区分的假定性质，不可能对河流中实际运行着的泥沙作出较为严密的区分。一般说来，这种区分只能根据河床泥沙的级配曲线来制定。严格来讲，只有河床泥沙中根本不含有细颗粒泥沙才真的不参与本河段的河床演变过程，然而采用这样的标准，实际上就等于放弃冲泻质的概念。因而，在实际运用中，常常假定河床泥沙中含量很少的细颗粒泥沙对此河段的河床演变影响不大，而当作非造床质泥沙来处理。在没有更好的划分造床质和冲泻质的标准以前，钱宁认为可以取河床泥沙中小于 10%的细颗粒泥沙为非造床质，而大于 10%的较粗颗粒泥沙为造床质泥沙[6]。张瑞瑾认为在处理实际问题时，也可以取河床泥沙中小于 5%的细小颗粒的粒径为划分冲泻质和造床质的标准[7]。也有人认为取河床泥沙级配曲线下端弯曲度较大的一点作为区分两种泥沙的分界点。然而在许多河段的泥沙级配曲线中，有时不易发现这样明显的转折点，有时这样的转折点又偏高，因而在实际运用中是有困难的，不如前两种标准易于掌握。前边已经提过，分界粒径取得越小则越精准，然而也就越会降低这种分类的实际效果。因此究竟取小于 5%还是小于 10%的粒径为划分界粒径，必须根据河流的具体情况而定。

不论根据上述哪种分类方法，都会发现，某种粒径的泥沙在一条河流中可能被视为造床质，而在另一条河流中则可能被当作是冲泻质来处理，就是在同一条河流，在不同河段也会出现这种情况。在河流的上游段（山区），砾石可能是造床质，而粗沙以下都可能被当作是冲泻质；但到了中下游河段，粗细沙都可能成为造床质，而非造床质就只能是那些粉土、淤泥等。当一条河流进入水库后，由于流速急剧减小，不论粗细颗粒，几乎全部都将落淤，那时以前被称作冲泻质的泥沙就将变成造床质，并且对回水段的河床演变有巨大影响，对水库淤积起重大作用。不仅在不同河段会有此转化，就是在同一河段的不同时期，也可能有这种转化。例如在洪水季节，床面较小颗粒被水流冲走，河床泥沙粗化，这时属于冲泻质泥沙中的一部分到了枯水季节将要落淤而又成了造床质泥沙。因此，这种近似地把粗细不同的泥沙分为造床质和非造床质，只能在特定的条件下才具有一定的实用意义。

应当指出，在河流中运行着的泥沙分为造床质和冲泻质与在 1.2 节中提到的分类是有一定区别的。1.2 节中的分类是根据泥沙的来源区分的，本节中的分类是根据泥沙对河床演变的作用划分的。严格来讲，本节中的造床泥沙应当包括前节中提到的全部河床质泥沙和部分流域质泥沙，而冲泻质泥沙则只包括流域质泥沙中颗粒很细的那部分。但是当在实际应用中采用假定分类法（即假定河床泥沙级配曲线上小于某百分数的泥沙为冲泻质的方法）时，造床质泥沙包括前节中提到的大部分河床质泥沙和小部分流域质泥沙，而冲泻质泥沙将包括大部分流域质泥沙和小部分河床质泥沙。由此可见，把冲泻质泥沙同流域质泥沙等同起来的观点是不够全面的。

最后应当指出，当对各种粒径泥沙的运动规律及其相互之间的影响有比较全面深入的认识时，是可以不采用这种假定分类方法的。至于不同粒径泥沙对河床演变的不同作用，完全可以通过统一的泥沙运动规律来予以全面的考虑。那时将不难理解，当水流进入水库后，为什么被称作冲泻质的泥沙会对水库淤积具有决定性的意义。

## 1.4　泥沙的运动形式

从很早时候起，在水文测验工作中以及在泥沙运动理论中就习惯于把河流中运动着的泥沙，根据其运移状态，分为悬沙和底沙或者悬移质泥沙和推移质泥沙。所谓悬移质泥沙，是指悬浮在水流中的泥沙，把在河底附近运动的泥沙称为推移质泥沙，即认为这些泥沙是在水流的推移作用下沿着河底滚动和滑动前进的。然而许多试验表明，跳跃是底部泥沙运移的主要形式，真正沿着河底滚动和滑动而不与起伏不平的床面脱离接触的泥沙，在数量上是极其微小的，在性质上也可以被看作是跳跃的一种特殊情况(即跳跃高度为零时的情况)。因而推移质泥沙或者底沙，是指在河底附近以跳跃形式运动的泥沙，其中也包括滚动和滑动的泥沙。

当流速超过一定数值后，在正面推力和上举力作用下泥沙开始运动，起动的泥沙在水流中以跳跃形式运动一段距离后，在重力作用下停于河底。当再出现适合于泥沙运动的动力条件时，颗粒将再次跳起。跳起的颗粒如果遇到较强的上升水团，就有可能被悬起而成为悬沙。显而易见，流速越大，水流对颗粒的正面推力、上举力和悬浮力也都越大，因而沙粒跳得越高，运行得越远，遭受悬浮的机会就越多，转变成悬沙的数量就越大。由此可见，在底沙和悬沙之间没有明显界限。但是由于推移质泥沙和悬移质泥沙的运行机理不完全相同，因而这种分类还是很有益处的(详见以后几章)。一般说来，颗粒越大，越难悬浮，因而较粗颗粒的泥沙常常以跳跃形式于河底附近运动。较细颗粒泥沙，由于其在水中沉降缓慢，竖向脉动流速对其影响很大，起动后要在水流中运行较长距离，其悬浮高度常常达到水面，因而这些细颗粒泥沙常常以悬浮形式运动。不论是底沙还是悬沙，在运动过程中都同河床泥沙不断交换。因而靠近河底的泥沙，除了以跳跃形式运动的推移质泥沙外，尚有刚从河底冲起，正处于向上悬浮过程中的泥沙和正处于从水流上层向河底沉降过程中的泥沙，这些泥沙虽然也处于河底附近，但其运行规律可以从悬沙观点予以考虑。因此不能笼统地认为所有靠近河底运动着的泥沙全是推移质泥沙，实际上其中有一部分则是悬移质泥沙的河底部分，这部分泥沙的浓度通常称作河底含沙量。

　　一般说来，虽然悬沙和底沙都能受到水流竖向脉动的作用，然而水流对悬沙和底沙的影响程度是不同的。为了更切合于实际情况，可以根据泥沙沉降速度同竖向脉动流速强度的比值来鉴别悬沙和底沙。如果沙粒在静水中的沉降速度小于或者等于竖向脉动流速绝对值的平均值，则泥沙悬浮的可能性较大，因而常常以悬浮形式运动。如果沙粒的沉降速度大于竖向脉动流速绝对值的平均值，则沙粒悬浮的概率较小，即使在较大脉动流速作用下悬浮起来，其在水流中悬浮的时间也不会很久。因此，这类泥沙就可以看作是底沙。

　　由此可见，悬沙和底沙是根据水流的运动特性和泥沙的水力特性而划分的，换句话说，是根据泥沙运动机理和运动形式而划分的，同前边提到的河床质和流域质泥沙以及造床质和非造床质泥沙是不同的概念。然而由于河床质泥沙和造床质泥沙较粗，因而这些泥沙就构成了底沙的主体。流域质泥沙中细颗粒较多，因此大部分以悬浮形式运动，所谓的非造床质泥沙即全部属于悬移质范畴，但是悬移质泥沙中仍然包含着河床质和造床质泥沙。因而在研究河床演变时，一般说来，既需要知道底沙运动规律，也需要掌握悬沙运动规律。另外应当指出，作为泥沙运动特殊形态的异重流和浮泥流，在某些情况下对河床淤积也可能起重要作用。因此在分析某些特定条件下的淤积问题时，必须对异重流和浮泥流的运动规律进行认真研究。然而可以指出，异重流和浮泥流只是细颗粒泥沙运动的特殊形态，对较粗颗粒泥沙来说，这两种特殊形态是很难出现的。

# 第 2 章　泥沙的沉降速度

## 2.1　球体在静止液体中的沉降规律

　　泥沙颗粒在静止液体中均匀下沉时的速度是泥沙颗粒的重要水力特征, 其值常常简称为泥沙的沉降速度或泥沙的水力粗度。这个特征值是泥沙运动理论中的重要参数之一。由于泥沙颗粒形状复杂, 难以进行理论分析, 因而通常都在讨论球体运动规律的基础上, 适当地考虑泥沙颗粒的特点而得出其运动规律。

　　为了确定球体在静止液体中的沉降速度, 首先需要讨论球体在静止液体中沿直线做等速运动时的阻力。根据相对运动原理, 球体的这种运动与等速直线流绕过静止球体时的运动情况完全一致, 因而可以通过对水流运动方程式的求解来解决球体的运动阻力问题。但由于黏性液体微分方程式是非线性微分方程式, 在讨论球体运动时, 不可能进行严密积分, 只能近似求解。斯托克斯曾忽略了运动方程式中的惯性项(非线性项), 使运动方程式简化为线性方程式, 并在此基础上得到了作用于球体的黏滞阻力 $W$ 如下:

$$W = 3\pi\mu\omega d \tag{2-1}$$

式中: $\mu$ ——液体黏滞系数;

　　　$\omega$ ——球体的运动速度;

　　　$d$ ——球体直径。

　　如果按照水力学中通常采用的形式表示球体的阻力, 即写作

$$W = \frac{\pi}{4}d^2 C_d \frac{\rho\omega^2}{2} \tag{2-2}$$

则其中阻力系数 $C_d$ 根据式(2-1)应当是雷诺数 $Re$ 的函数, 即

$$C_d = \frac{24}{\dfrac{\rho\omega d}{\mu}} = \frac{24}{\dfrac{\omega d}{\nu}} = \frac{24}{Re} \tag{2-3}$$

式中: $\rho$ ——液体密度;

　　　$\nu$ ——液体的运动黏滞系数$\left(\nu = \dfrac{\mu}{\rho}\right)$。

　　奥辛[8]及戈尔茨坦[9]试图保留运动方程式中的部分惯性项, 以便更精确地求解球体的运动阻力问题。奥辛通过一系列比较复杂的数学推导, 求得了球体的阻

力为

$$W = 3\pi\mu\omega d\left(1 + \frac{3}{16}Re\right) \tag{2-4}$$

如果仍用式(2-2)的形式表述球体阻力，则阻力系数为

$$C_{\mathrm{d}} = \frac{24}{Re}\left(1 + \frac{3}{16}Re\right) \tag{2-5}$$

由于球体在静止液体中均匀下沉时除了阻力外只受重力作用，因而阻力与重力应当相等。球体在液体中的重量为 $\frac{\pi}{6}d^{3}(\rho_{\mathrm{s}} - \rho)g$，其中 $\rho_{\mathrm{s}}$ 为球体的密度，$g$ 为重力加速度。如果按照斯托克斯公式确定球体阻力，则有

$$\frac{\pi}{6}d^{3}(\rho_{\mathrm{s}} - \rho)g = 3\pi\mu\omega d$$

因而，斯托克斯的沉降速度公式为

$$\omega = \frac{1}{18}\frac{\rho_{\mathrm{s}} - \rho}{\rho}\frac{gd^{2}}{\nu} \tag{2-6}$$

如果按照奥辛公式确定球体阻力，则沉降速度公式为

$$\omega = \frac{1}{18\left(1 + \frac{3}{16}Re\right)}\frac{\rho_{\mathrm{s}} - \rho}{\rho}\frac{gd^{2}}{\nu} \tag{2-7}$$

试验表明，当雷诺数 $\frac{\omega d}{\nu}$ 较小（<1）时，斯托克斯公式和奥辛公式与实际情况一致。当雷诺数大于 1 时，这两个公式所给出的偏差随着雷诺数的增加迅速增大，以致完全不能反映球体的真实阻力。当雷诺数大于 850 后，球体在液体中所受的阻力已不像前述两公式表示的那样，与沉降速度的一次方成正比，而是与沉降速度的二次方成正比，即符合牛顿定律

$$W = \lambda\frac{\pi d^{2}}{4}\frac{\rho\omega^{2}}{2} \tag{2-8}$$

式中：$\lambda$ ——常数，其值约等于 0.43。

如果把各种雷诺数时的阻力都用下式表示：

$$W = C_{\mathrm{d}}\frac{\pi d^{2}}{4}\frac{\rho\omega^{2}}{2}$$

则式中的阻力系数 $C_{\mathrm{d}}$ 在一般情况下是雷诺数的函数，只有当雷诺数大于 850 时，才为一常数。在不同雷诺数条件下测得的阻力系数值点绘于图 2-1，在图中也绘制了斯托克斯公式(2-3)和奥辛公式(2-5)。

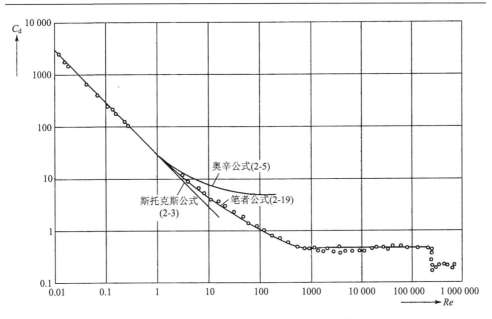

图 2-1　球体在静止液体中的沉降阻力(公式与实测数据的比较)

　　从图中可以看到，当雷诺数大于 1 且小于 800 时，有关阻力系数的试验数据既不与斯托克斯公式和奥辛公式重合，也不像牛顿所设想的那样为一常数。理论与实际发生偏差的原因主要在于理论分析中没有全面考虑球体周围的绕流状态。

　　对球体运动的直接观察表明，只有在雷诺数很小的情况下，水流才以层流形态绕过球体，在球体与水流之间才没有分离现象(图 2-2(a))；当雷诺数较大时，流线发生弯曲，并产生分离现象，即绕流处于过渡区(图 2-2(b))；随着雷诺数的增加，分离区域不断扩大，分离区域的大小，可以用分离角来表示。随着分离角的增加，层流阻力的影响不断减小，紊流阻力(即形状阻力)的影响不断增大。当雷诺数很大时，可以假定 $\theta$ 接近于 $\pi$ 。这时球体周围布满漩涡，因而绕流处于紊流状态(图 2-2(c))，在这种绕流状态下的球体阻力，几乎不受液体黏滞性的影响，而只取决于形状阻力，因而阻力系数保持为一常值。然而当雷诺数特别大时(约大于 $2 \times 10^5$)，由于层流边界层转变为紊流边界层，最小压力点突然下移，从而使得形状阻力的有效横断面积减小一半以上。试验资料表明，临界状态下的阻力系数大约降低到 0.18。

　　由此可见，临界点以前的阻力变化情况完全取决于绕流的分离情况，因而通过对此问题的讨论，可以求出适用于包括过渡区在内的各种绕流状态下的阻力关系式。

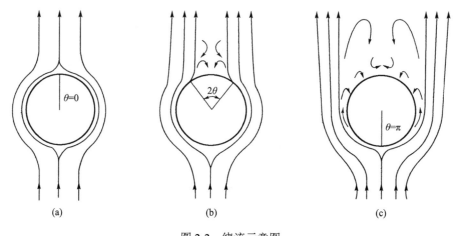

图 2-2　绕流示意图

雷诺数具有惯性力(或紊流阻力)与层流黏滞阻力比值的物理意义,因而紊流阻力与层流阻力的相对影响,可以用雷诺数来表示。随着雷诺数的增加,紊流阻力的影响不断加强,相对地,层流阻力的影响不断减弱。由此不难理解,分离角的大小与雷诺数的大小直接有关,因而雷诺数的改变必将引起分离角的相应变化。试验表明,雷诺数较小时,分离角随着雷诺数的改变而显著改变,在雷诺数较大时,这种变化则比较微弱。由此可以设想,分离角对雷诺数的导数与雷诺数成反比,即

$$\frac{\mathrm{d}\theta}{\mathrm{d}Re} = \frac{a_1}{Re} \tag{2-9}$$

式中：$a_1$——比例系数。

积分后得

$$\theta = a_1 \ln \frac{Re}{c_1} = 2.3 a_1 \lg \frac{Re}{c_1} \tag{2-10}$$

式中：$c_1$——积分常数。

$a_1$ 和 $c_1$ 可以根据边界条件来确定。

试验资料表明,当 $Re=0.25$ 时,球体周围都没有分离现象,即 $\theta = 0$ ;当 $Re=850$ 时,球体周围布满漩涡,即 $\theta = \pi$ 。由第一个边界条件可以写出

$$0 = 2.3 a_1 \lg \frac{0.25}{c_1}$$

因而或者 $a_1=0$,或者 $\lg \dfrac{0.25}{c_1} = 0$ 。

很明显,第一个解(即 $a_1=0$)不能满足第二个边界条件,即与绕流的物理现象

相违，因此应当取

$$\lg \frac{0.25}{c_1} = 0$$

由此得 $c_1 = 0.25$。

由第二个边界条件得

$$\pi = 2.3a_1 \lg 3400$$

因而得 $a_1 = 0.388$。

将 $a_1$ 和 $c_1$ 代入式(2-10)，则可得到如下公式：

$$\theta = 0.89 \lg 4Re \tag{2-11}$$

此式的应用范围为 $0.25 < Re < 850$，很明显，当 $Re$ 大于 850 时，$\theta$ 仍然等于 $\pi$，当 $Re$ 小于 0.25 时，$\theta$ 仍等于 0。

在球体尾部发生分离的条件下，层流阻力已经不是作用于全部球面，而是只作用于分离区以外的部分。另外，由于分离区内的压力与分离区外的压力不同，因而有紊流阻力或者通常称作的形状阻力产生。形状阻力的大小，主要与相应于分离区的球体横断面积和分离区外的压力差有关，后者通常都用阻力系数来表示，其值与固体形状有关。如果令 $\lambda$ 表示此形状阻力系数，则形状阻力在分离角为 $\theta$ 时应当写作

$$W_{形} = \lambda A_{分} \frac{\rho \omega^2}{2} \tag{2-12}$$

式中： $A_{分}$ ——相应于分离区的横断面积。

对于球体来说，$A_{分}$ 是一圆面积，此圆的半径为 $r_0 \sin\theta$（见图 2-2(b)）。因而相应于分离区的横断面积为 $A_{分} = \frac{\pi d^2}{4} \sin^2\theta$，将此值代入式(2-12)则有

$$W_{形} = \lambda \frac{\pi d^2}{4} \sin^2\theta \frac{\rho \omega^2}{2}$$

或者写作

$$W_{形} = \varphi_1 \lambda \frac{\pi d^2}{4} \frac{\rho \omega^2}{2} \tag{2-13}$$

式中： $\varphi_1 = \sin^2\theta$。

应当指出，当 $\theta > \dfrac{\pi}{2}$ 时，分离区的横断面积，即为球体的全部横断面积，因而面积不再变化，即 $\varphi_1 = 1$，因之 $\varphi_1$ 的变化范围为

$$\left.\begin{array}{l} 当\ 0 \leqslant \theta \leqslant \dfrac{\pi}{2}\ 时,\quad \varphi_1 = \sin^2 \theta \\[2mm] 当\ \theta > \dfrac{\pi}{2}\ 时,\quad \varphi_1 = 1 \end{array}\right\} \tag{2-14}$$

关于分离区以外的层流黏滞阻力，可以由奥辛公式来确定。在考虑有分离区的前提下，层流黏滞阻力可以写成下面这样：

$$W_{层} = 3\pi\mu d\omega\left(1 + \frac{3}{16}Re\right)\varphi_2 \tag{2-15}$$

式中，

$$\varphi_2 = \frac{1}{2}(1 + \cos\theta) \tag{2-16}$$

此式的有效范围为 $0 \leqslant \theta \leqslant \pi$。当 $\theta < 0$ 时，$\varphi_2 = 1$；当 $\theta > \pi$ 时，$\varphi_2 = 0$。

如果令 $W_{层}$ 表示有分离时的球体总阻力，则其值为

$$\begin{aligned} W_{总} &= W_{形} + W_{层} \\ &= \varphi_1 \lambda \frac{\pi d^2}{4}\frac{\rho\omega^2}{2} + \varphi_2 3\pi\mu d\omega\left(1 + \frac{3}{16}Re\right) \end{aligned} \tag{2-17}$$

如果仍用式(2-8)的形式表示球体的总阻力，即令

$$W_{总} = C_d \frac{\pi d^2}{4}\frac{\rho\omega^2}{2} \tag{2-18}$$

则此式中的阻力系数为

$$C_d = \varphi_1 \lambda + \varphi_2 \frac{24}{Re}\left(1 + \frac{3}{16}Re\right) \tag{2-19}$$

对此式的分析表明，当 $Re > 850$ 时，即当 $\theta = \pi$ 时，$\varphi_1 = 1$，$\varphi_2 = 0$，因而 $C_d = \lambda$，试验资料表明，在雷诺数大于 850 的条件下所测得的球体阻力系数为 0.43，由此可知

$$\lambda = 0.43 \tag{2-20}$$

在图 2-1 中根据各学者的试验资料对公式(2-19)进行了验证，从图中不难看到，在考虑绕流形态的基础上导得的公式(2-19)与试验数据完全一致。这个公式不仅很好地反映了过渡区的阻力变化规律，而且也是各种粒径球体阻力的统一表述式。很明显，当雷诺数小于 0.25 时，$\varphi_1 = 0$，$\varphi_2 = 1$，因而公式(2-19)具有如下形式：

$$C_d = \frac{24}{Re}\left(1 + \frac{3}{16}Re\right)$$

即奥辛公式。当雷诺数大于 850 时，$\varphi_1 = 1$，$\varphi_2 = 0$，因而公式(2-19)具有下列形式：

$$C_d = \lambda = 0.43$$

即牛顿公式。

前边已经提过，球体在液体中的重量为

$$G = (\rho_s - \rho)g\frac{\pi}{6}d^3 \qquad (2\text{-}21)$$

球体均匀下沉时 $W_总 = G$，因而当利用式 (2-18) 表述 $W_总$ 时，可得下面的沉降速度公式：

$$\omega = \sqrt{\frac{4}{3C_d}\frac{\rho_s - \rho}{\rho}gd} \qquad (2\text{-}22)$$

式中的 $C_d$ 应由式 (2-19) 来确定。

应当指出，由于 $C_d$ 值是雷诺数 $\dfrac{\omega d}{\nu}$ 的函数，在求解沉降速度时，需要采用试算方法，其计算步骤见下例。

**例 2-1**　试求雷诺数为 0.1、10 和 1000 时的阻力系数。

**解**　当 $Re=0.1$ 时，$\varphi_1 = 0$，$\varphi_2 = 1.0$，从而由式 (2-19) 知 $C_d$=244.5。当 $Re=1000$ 时，$\varphi_1 = 1.0$，$\varphi_2 = 0$，从而由式 (2-19) 知 $C_d$=0.43。当 $Re=10$ 时，由式 (2-11) 知，$\theta = 1.426$ rad。由式 (2-14) 知 $\varphi_1 = 0.98$，由式 (2-16) 知 $\varphi_2 = 0.573$。将 $\varphi_1$ 和 $\varphi_2$ 值代入式 (2-19) 后得到 $C_d$=4.37。

**例 2-2**　已知一些球体的密度为 2.65 g/cm³，直径为 0.05 cm。试求其在密度为 1 g/cm³、运动黏滞系数 $\nu$ 为 0.01 cm²/s 的液体中的沉降速度。

**解**　先假定沉降速度为 8.0 cm/s，从而得出雷诺数 $Re$=40。由公式 (2-11) 知，$\theta = 1.96\,\text{rad} = 112.5°$。由于此时 $\theta$ 值大于 $\dfrac{\pi}{2}$，故式 (2-14) 知 $\varphi_1 = 1$。再由式 (2-16) 求得 $\varphi_2 = \dfrac{1}{2}(1 - 0.383) = 0.3085$。将 $\varphi_1$ 和 $\varphi_2$ 值代入式 (2-19) 求得 $C_d$=2.0。将 $C_d$ 值代入式 (2-22)，求出沉降速度 $\omega$=7.35 cm/s。由于此值较原假定值为小，故需重算。为此需要假定较 7.35 为小的数值，这次假定 $\omega = 7.1$ cm/s，从而 $Re$=35.5，由式 (2-11) 求得 $\theta = 1.92\,\text{rad} = 110°$。由式 (2-14) 知 $\varphi_1 = 1$，由式 (2-16) 知 $\varphi_2 = \dfrac{1}{2}(1 - 0.342) = 0.329$。再由式 (2-19) 确定 $C_d$=2.13。最后由公式 (2-22) 求得 $\omega$=7.1 cm/s。因此值与原假定值相同，故计算结束，即求出球体的沉降速度为 7.1 cm/s。

## 2.2　泥沙的沉降速度公式

针对泥沙的沉降速度问题，也同球体的沉降速度问题一样，许多学者进行了专门研究，并对极细颗粒和较粗颗粒泥沙的沉降规律给出了相应的表述式。试验表明，微细颗粒泥沙在液体中的沉降情况与微小球体的情况类似，在颗粒表面没有分离现象，因而对于这类泥沙的沉降阻力可以用与斯托克斯阻力公式 (2-1) 相类似的公式来确定。然而应当指出，泥沙颗粒的形状与球体不同(参见 1.1 节)，致使泥沙颗粒下沉时的阻力大于同体积球体的阻力。因而在利用斯托克斯公式(2-1)或奥辛公式(2-4)确定细颗粒泥沙沉降阻力时需要乘以校正系数，其值约等于 $\dfrac{4}{3}$ [①]。

由此可知，对于泥沙颗粒，斯托克斯公式和奥辛公式应当书写如下：

$$W = \alpha \pi \mu d \omega \tag{2-23}$$

$$W = \alpha \pi \mu d \omega \left(1 + \frac{3}{16} Re\right) \tag{2-24}$$

式中：$\alpha \approx 4$。

对于较粗颗粒泥沙来说，绕流处于紊动状态，其阻力与沉降速度平方成正比，即服从牛顿定律

$$W = \lambda \frac{\pi d^2}{4} \frac{\rho \omega^2}{2} \tag{2-25}$$

式中：阻力系数 $\lambda$ 也比球体时大，其值约等于 1.20。

由于沙粒在液体中的重量可以用下式表示：

$$G = (\rho_s - \rho) g \frac{\pi}{6} d^3 \tag{2-26}$$

式中：$\rho_s$——泥沙颗粒的密度；

$\rho$——液体的密度。

因而，当重力与阻力相等时的均匀下沉速度分别由下列公式来确定：

当利用公式(2-23)表示阻力时，则有

$$\omega = \frac{(\rho_s - \rho)gd^2}{6\alpha\mu} \tag{2-27}$$

当利用公式(2-25)表示阻力时，则有

$$\omega = \sqrt{\frac{\rho_s - \rho}{\rho} \frac{4}{3\lambda} gd} \tag{2-28}$$

试验表明，在雷诺数小于 0.5 时，式(2-23)、式(2-24)和式(2-27)与试验数据一致。随着雷诺数的增加，公式与试验数据的偏差也越来越大，当雷诺数大于 1 后，公式已完全不能应用。当雷诺数大于 300 时，式(2-25)和式(2-28)与试验数据基本一致，而在小于此数值时，公式与试验结果相差很大。为了探求从雷诺数大于 1 到雷诺数小于 300 这一过渡区的阻力规律，不少学者进行过试验和理论分析，并提出了经验公式或者具有一定理论根据的公式。

---

① 目前我国一般都根据实测沉降速度直接按照斯托克斯球体沉降速度公式(2-6)推求泥沙颗粒的直径。这样求得的粒径，只等于同阻力的球体的直径，因而小于同体积球体直径。

例如 B. H. 岗恰洛夫在分析了大量试验数据后提出了如下的经验公式：

$$\omega = \sqrt{\frac{(\rho_s - \rho)^2 g^2}{\rho \mu} \beta d} \qquad (2\text{-}29)$$

式中，

$$\beta = 0.081 \lg 83 \left(\frac{3.7d}{d_0}\right)^{1-0.037t} \qquad (2\text{-}30)$$

式中：$t$——表示温度（摄氏度）；

$d_0$——具有长度尺度的系数，其值等于 0.15 cm。

虽然这个公式在一定范围内与实测数据比较接近，但由于缺乏理论根据，其反映的规律具有很大的局限性。很明显，当雷诺数较小时，它不能与公式(2-27)协调，当雷诺数较大时，它也不能与公式(2-28)接近。

在连接层流区和紊流区方面比较理想的公式，应当归于鲁比公式[10]，在讨论过渡区泥沙颗粒的阻力时，鲁比认为此值是由两项阻力组成的，其中一项是黏滞阻力，另一项是形状阻力，即

$$W_{总} = W_{黏} + W_{形}$$

式中的黏滞阻力由公式(2-23)来确定，形状阻力由公式(2-25)来确定。因而当取 $W_{总} = G$ 时，则得如下的过渡区沉降速度公式：

$$\omega = \sqrt{\frac{4}{3}\frac{\rho_s - \rho}{\lambda \rho}gd + 16\left(\frac{\alpha}{\lambda}\right)^2 \frac{v^2}{d^2}} - 4\frac{\alpha}{\lambda}\frac{v}{d} \qquad (2\text{-}31)$$

根据张瑞瑾的分析[7]：$\lambda = 1.225, \alpha = 4.26$。

不难看出这个公式在雷诺数很小时与式(2-27)一致，在雷诺数很大时与式(2-28)重合。当雷诺数较大时，$\dfrac{v}{d}$ 很小，可以忽略不计，因而式(2-31)变作

$$\omega = \sqrt{\frac{4}{3}\frac{\rho_s - \rho}{\lambda \rho}gd}$$

当雷诺数较小时，即 $\dfrac{d}{v}$ 很小时，式(2-31)中的根号可以近似地写作

$$\sqrt{\frac{\rho_s - \rho}{\lambda \rho}\frac{4}{3}gd + 16\left(\frac{\alpha}{\lambda}\right)^2 \frac{v^2}{d^2}}$$

$$= 4\frac{\alpha}{\lambda}\frac{v}{d}\left(\sqrt{1 + \frac{\rho_s - \rho}{\rho}\frac{gd}{12}\frac{\lambda}{\alpha^2}\frac{d^2}{v^2}}\right)$$

$$\approx 4\frac{\alpha}{\lambda}\frac{v}{d}\left(1 + \frac{\rho_s - \rho}{\rho}\frac{gd}{24}\frac{\lambda}{\alpha^2}\frac{d^2}{v^2}\right)$$

因而式(2-31)在雷诺数较小时可以写作

$$\omega = \frac{(\rho_s - \rho)gd^2}{6\alpha\mu}$$

由于公式(2-31)概括了式(2-27)和式(2-28)，从表面上看鲁比公式似乎很好地解决了泥沙的沉降速度问题，然而式(2-31)与试验数据的比较却表明，这个过渡区公式与实测数据相差较大。这种情况的出现，主要是由于没有仔细考虑绕流形态的结果。在前节中讨论球体沉降时已经指出，当雷诺数大于某一数值后，颗粒表面将产生分离现象，因而在这种情况下，黏滞力的影响随着分离角度的增加而削弱。与此同时，形状阻力只在颗粒的部分区域而不是全部区域起作用，很明显，公式(2-31)是没有考虑这个重要的物理现象的。

为了求出既能反映各种区域阻力情况又能与实测数据比较符合的沉降速度公式，兹列洛夫、沙玉清以及其他许多学者都付出了不少劳动。在分析大量试验资料的基础上，兹列洛夫提出了如下的经验公式：

$$\omega = \sqrt[n]{\frac{\pi d^{3-n}(\rho_s - \rho)g}{6K_n v^{2-n}\rho}} \tag{2-32}$$

式中：$n$ 和 $K_n$ 是与雷诺数有关的参数，其值需根据相应的经验曲线来确定。

公式(2-32)虽然在某种意义上概括了一些作者所提出的经验公式，但却不具备一般公式所具有的优点，即在利用这个公式时仍然离不开根据试验资料绘制的相关曲线。

沙玉清的研究在很大程度上克服了前述各种缺欠，提出了一个易于应用的过渡区经验公式[11]。

如果直接以 $C_d$ 和 $Re$ 为两个参变数，来建立两者之间的经验关系式，那么求得的沉降速度公式中，由于会有 $C_d$ 而必然含有雷诺数 $\frac{\omega d}{v}$，因而在求解沉降速度时必然需要进行试算。为了避免反复试算，沙玉清进行了如下的推导，并引入了两个新的参数，如果用式(2-18)的形式来表示颗粒下沉时的阻力，用式(2-26)的形式表示颗粒在液体中的重量，当此二值相等时，则有

$$C_d = \frac{4}{3}\left(\frac{\rho_s}{\rho} - 1\right)g\frac{d}{\omega^2} \tag{2-33}$$

很明显，此式可以写作

$$C_{\mathrm{d}} = \dfrac{\dfrac{g^{\frac{1}{3}}\left(\dfrac{\rho_{\mathrm{s}}}{\rho}-1\right)^{\frac{1}{3}} d}{v^{\frac{2}{3}}}}{\left(\dfrac{\omega}{g^{\frac{1}{3}}v^{\frac{1}{3}}\left(\dfrac{\rho_{\mathrm{s}}}{\rho}-1\right)^{\frac{1}{3}}}\right)^{2}}$$

如果令

$$\left.\begin{aligned}\phi &= \dfrac{g^{\frac{1}{3}}\left(\dfrac{\rho_{\mathrm{s}}}{\rho}-1\right)^{\frac{1}{3}} d}{v^{\frac{2}{3}}}\\[2mm] S_{\mathrm{a}} &= \dfrac{\omega}{g^{\frac{1}{3}}v^{\frac{1}{3}}\left(\dfrac{\rho_{\mathrm{s}}}{\rho}-1\right)^{\frac{1}{3}}}\end{aligned}\right\} \tag{2-34}$$

则上式又可写作

$$C_{\mathrm{d}} = \frac{\phi}{S_{\mathrm{a}}^{2}} \tag{2-35}$$

或者写作

$$\phi = C_{\mathrm{d}} S_{\mathrm{a}}^{2} \tag{2-35a}$$

不难看到，参数 $\phi$ 中只含有粒径 $d$，参数 $S_{\mathrm{a}}$ 中只含有沉降速度 $\omega$，因而前者可以称作"粒径判数"，后者可以称作"沉速判数"。由式(2-34)中可以看到

$$\phi S_{\mathrm{a}} = \frac{\omega d}{v} = Re \tag{2-36}$$

由此可知 $\phi = \dfrac{Re}{S_{\mathrm{a}}}$。 $\tag{2-36a}$

将式(2-35a)与式(2-36a)联解，可以写出

$$S_{\mathrm{a}} = \sqrt[3]{\frac{Re}{C_{\mathrm{d}}}}$$

由于 $C_{\mathrm{d}}$ 是雷诺数的单值函数，故可写出

$$S_{\mathrm{a}} = f_{1}(Re) \tag{2-37}$$

将此式代入式(2-36)，又可写出

$$\phi = \frac{Re}{f_1(Re)} = f_2(Re) \tag{2-38}$$

由此可见，参数 $\phi$ 和 $S_a$ 全是雷诺数的单值函数，因而两个判数互为函数，即

$$S_a = f(\phi) \tag{2-39}$$

为了求解这个函数关系，沙玉清将各家试验数据点绘于以 $S_a$ 为纵坐标，以 $\phi$ 为横坐标的双对数图中。属于过渡区的点据在图中近似形成一个圆弧，因而可用下述的方程式来表示：

$$\left(\lg S_a - a\right)^2 + \left(\lg \phi - b\right)^2 = \eta^2 \tag{2-40}$$

式中：系数 $a$=3.665，$b$=5.777，$\eta = 6.245$。

从上边的叙述中可以看到，虽然许多学者对泥沙颗粒的沉降问题进行了研究，获得了不少成果，但对过渡区的沉降规律只是从试验上得到了初步解决，还缺少必要的理论概括。看来，只有考虑颗粒周围的绕流情况后，才能使此问题获得较为满意的解决。

试验证明，泥沙颗粒与球体的沉降规律在性质上完全一致。当雷诺数小于 0.2~0.3 时，水流沿着颗粒全部表面绕过而不发生任何分离；当雷诺数大于此极限时，颗粒后边开始产生微小漩涡而发生局部分离，分离区域随着雷诺数的增大而不断增加。当雷诺数大于 350 后，颗粒周围都已发生分离，而处于紊流状态。在 2.1 节中曾经指出球体沉降时开始产生漩涡的雷诺数和周围全部产生漩涡的雷诺数，从上述数字可以看到，球体和非球体(泥沙颗粒)尾部开始形成漩涡的雷诺数相同，但在沉降体周围全部产生漩涡的雷诺数却不同。球体表面比较光滑，阻力较小，因而只有在较大雷诺数时($Re$=850)才过渡到紊流状态。泥沙颗粒的形状很不规则，在运动过程中所引起的阻力较大，易于使流线偏高，因而在较小的雷诺数时($Re$=350)颗粒周围的绕流已完全处于紊流状态了。由于泥沙颗粒和球体的沉降规律基本相同，仍可利用 2.1 节中的论述写出如下方程式[①]：

$$\theta = 2.3a_2 \lg \frac{Re}{C_2} \tag{2-41}$$

根据前述试验成果，有如下的边界条件

$$\left. \begin{array}{l} 当\ Re = 0.25时,\theta = 0 \\ 当\ Re = 350时,\theta = \pi \end{array} \right\} \tag{2-42}$$

将式(2-42)代入式(2-41)后可以求得 $a_2$=0.435，$c_2$=0.25。将 $a_2$ 和 $c_2$ 代入式(2-41)则有

---

① 参见公式(2-8)~式(2-10)。

$$\theta = \lg 4Re \tag{2-43}$$

顺便指出，此式的应用范围为 $0.25 \leqslant Re \leqslant 350$。当 $Re < 0.25$ 时，应当取 $\theta = 0$；当 $Re > 350$ 时，应当取 $\theta = \pi$。

根据 2.1 节所述理由，可以写出分离角为 $\theta$ 时的形状阻力[①]

$$W_{形} = \varphi_1 \lambda \frac{\pi d^2}{4} \frac{\rho \omega^2}{2} \tag{2-44}$$

式中 $\varphi_1$ 由下式来确定：

$$\left. \begin{array}{l} 当 \ 0 \leqslant \theta \leqslant \dfrac{\pi}{2} 时, \varphi_1 = \sin^2 \theta \\[2mm] 当 \ \theta > \dfrac{\pi}{2} 时, \varphi_1 = 1 \end{array} \right\} \tag{2-45}$$

在分离角为 $\theta$ 时的黏滞阻力可以由下式来确定[②]：

$$W_{层} = \varphi_2 a \pi \mu d \omega \left( 1 + \frac{3}{16} Re \right) \tag{2-46}$$

式中，

$$\varphi_2 = \frac{1}{2}(1 + \cos \theta) \tag{2-47}$$

因此可知，当分离角为 $\theta$ 时的总阻力为

$$W_{总} = W_{形} + W_{层} = \varphi_1 \lambda \frac{\pi d^2}{4} \frac{\rho \omega^2}{2} + \varphi_2 a \pi \mu d \omega \left( 1 + \frac{3}{16} Re \right) \tag{2-48}$$

如果仍用式(2-18)的形式表示泥沙颗粒下沉时的总阻力，即令

$$W_{总} = C_{\mathrm{d}} \frac{\pi d^2}{4} \frac{\rho \omega^2}{2} \tag{2-49}$$

联解式(2-48)和式(2-49)两式，可以得到确定泥沙颗粒阻力系数的普遍式：

$$C_{\mathrm{d}} = \varphi_1 \lambda + \varphi_2 \frac{8a}{Re} \left( 1 + \frac{3}{16} Re \right) \tag{2-50}$$

正如前述，对泥沙颗粒来说，$\lambda = 1.2$，$a = 4$。在图 2-3 中利用各学者的试验数据对公式(2-50)进行了验证，不难看到公式与实测数据是一致的。由此可知，公式(2-50)概括了泥沙颗粒在静止液体中的沉降规律。

当掌握了阻力系数 $C_{\mathrm{d}}$ 的变化规律后，很容易就可求得泥沙颗粒在静止液体中的沉降速度。令式(2-26)与式(2-49)两式右边部分相等，则得泥沙颗粒的沉降速度(或水力粗度)如下：

---

① 参见公式(2-12)～式(2-14)。

② 参见公式(2-15)、式(2-16)以及式(2-24)。

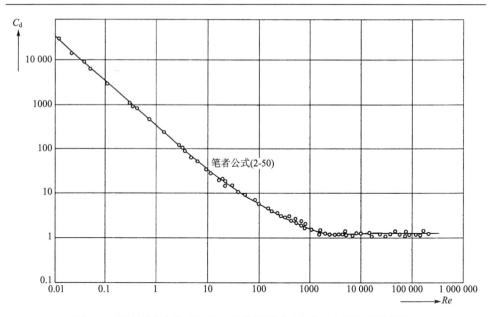

图 2-3　泥沙颗粒在静止液体中的沉降阻力（公式与实测数据的比较）

$$\omega = \sqrt{\frac{4}{3}\frac{\rho_{s}-\rho}{C_{d}\rho}gd} \qquad (2\text{-}51)$$

正如前节中指出的那样，由于 $C_{d}$ 是雷诺数 $\dfrac{\omega d}{\nu}$ 的函数，因而在求解沉降速度时需要进行试算。为了便于应用，在表 2-1 中绘出了根据式（2-51）和式（2-50）算得的泥沙颗粒在水中的沉降速度数值。由表中可以看到，在常温条件下，$d<0.1$ mm 的泥沙颗粒处于层流区，$d>2.0$ mm 的泥沙颗粒处于紊流区，$0.1\leqslant d\leqslant 2.0$ mm 的泥沙颗粒处于过渡区。

表 2-1　根据公式（2-51）和式（2-50）计算出泥沙颗粒在水中的沉降速度

| 流区 | 粒径 D/mm | 沉降速度/(cm/s) | | | |
|---|---|---|---|---|---|
| | | 温度 0℃ | 10℃ | 20℃ | 30℃ |
| | | 黏滞系数 0.0179 cm²/s | 0.0131 cm²/s | 0.0101 cm²/s | 0.0080 cm²/s |
| 层流区 | 0.001 | 0.0000377 | 0.0000514 | 0.0000667 | 0.0000842 |
| | 0.002 | 0.000150 | 0.000206 | 0.000267 | 0.000336 |
| | 0.003 | 0.000339 | 0.000463 | 0.000601 | 0.000758 |
| | 0.004 | 0.000602 | 0.000822 | 0.00107 | 0.00134 |
| | 0.005 | 0.000941 | 0.00129 | 0.00167 | 0.00210 |
| | 0.006 | 0.00136 | 0.00185 | 0.00240 | 0.00303 |
| | 0.007 | 0.00185 | 0.00252 | 0.00327 | 0.00412 |

续表

| 流区 | 粒径 D/mm | 沉降速度/(cm/s) | | | |
|---|---|---|---|---|---|
| | | 温度 0℃ | 10℃ | 20℃ | 30℃ |
| | | 黏滞系数 0.0179 cm²/s | 0.0131 cm²/s | 0.0101 cm²/s | 0.0080 cm²/s |
| 层流区 | 0.008 | 0.00241 | 0.00329 | 0.00426 | 0.00538 |
| | 0.009 | 0.00305 | 0.00416 | 0.00540 | 0.00682 |
| | 0.01 | 0.00376 | 0.00514 | 0.00667 | 0.00843 |
| | 0.02 | 0.0151 | 0.0206 | 0.0267 | 0.0336 |
| | 0.03 | 0.0338 | 0.0462 | 0.0600 | 0.0753 |
| | 0.04 | 0.0601 | 0.0820 | 0.106 | 0.134 |
| | 0.05 | 0.0936 | 0.128 | 0.164 | 0.206 |
| | 0.06 | 0.134 | 0.183 | 0.240 | 0.292 |
| | 0.07 | 0.183 | 0.246 | 0.350 | 0.386 |
| | 0.08 | 0.237 | 0.318 | 0.441 | 0.496 |
| | 0.09 | 0.297 | 0.394 | 0.555 | 0.627 |
| 过渡区 | 0.1 | 0.363 | 0.484 | 0.620 | 0.754 |
| | 0.15 | 0.771 | 1.034 | 1.308 | 1.535 |
| | 0.20 | 1.345 | 1.678 | 2.094 | 2.424 |
| | 0.25 | 2.011 | 2.464 | 2.800 | 3.039 |
| | 0.30 | 2.522 | 3.044 | 3.390 | 3.754 |
| | 0.35 | 3.460 | 3.614 | 4.049 | 4.447 |
| | 0.40 | 3.953 | 4.220 | 4.693 | 5.132 |
| | 0.45 | 4.220 | 4.817 | 5.329 | 5.808 |
| | 0.50 | 4.765 | 5.402 | 5.956 | 6.479 |
| | 0.60 | 5.830 | 6.557 | 7.199 | 7.799 |
| | 0.70 | 6.874 | 7.697 | 8.420 | 9.080 |
| | 0.80 | 7.907 | 8.821 | 9.609 | 10.301 |
| | 0.90 | 8.929 | 9.923 | 10.752 | 11.441 |
| | 1.0 | 9.938 | 10.995 | 11.835 | 12.488 |
| | 1.5 | 14.628 | 15.622 | 16.162 | 16.390 |
| | 2.0 | 18.367 | 18.883 | 18.956 | 18.956 |
| 紊流区 | 2.5 | 21.132 | | | |
| | 3.0 | 23.216 | | | |
| | 3.5 | 25.077 | | | |
| | 4.0 | 26.808 | | | |
| | 5.0 | 29.972 | | | |
| | 6.0 | 32.833 | | | |
| | 7.0 | 35.464 | | | |

续表

| 流区 | 粒径 $D$/mm | 沉降速度/(cm/s) |
|---|---|---|
| 紊流区 | 8.0 | 37.912 |
| | 9.0 | 40.212 |
| | 10.0 | 42.387 |
| | 15.0 | 51.913 |
| | 20.0 | 59.944 |
| | 25.0 | 67.020 |
| | 30.0 | 73.417 |
| | 35.0 | 79.299 |
| | 40.0 | 84.774 |
| | 50.0 | 94.780 |
| | 60.0 | 103.827 |

**例 2-3**　已知颗粒的密度为 2.65 g/cm³，直径为 0.5 mm。试求温度为 20℃时在水中的沉降速度。

**解**　温度为 20℃时的黏滞系数 $\nu$=0.0101 cm²/s。假定沉降速度为 5.93 cm/s，从而得 $Re$=29.4。由式(2-43)求得 $\theta$ =2.07 rad=118.5°。由式(2-45)知 $\varphi_1$ =1，由式(2-47)得 $\varphi_2 = \frac{1}{2}(1 - 0.477) = 0.262$ 。由式(2-50)知 $C_d$=1.2+ 0.262×7.1=3.06，然后由式(2-51)确定 $\omega$=5.93 cm/s。由于此值与原假定相同，故计算结束，所求沉降速度为 5.93 cm/s。如果与例 2-2 相比，则可看到，在其他条件相同情况下，泥沙颗粒的沉降速度要比球体的沉降速度小一些。

## 2.3　含盐度和含沙量对沉降速度的影响

前节中导得的公式和表 2-1 中所列数值，只是反映单个颗粒在清水中的自由沉降速度。实际资料表明，含盐度和含沙量都是影响泥沙颗粒沉降的重要因素，因而有必要对这两个问题作一简短论述。

### 2.3.1　含盐度的影响

含盐度对泥沙沉降速度的影响主要表现在两方面，一方面含盐度越高，盐水的密度和黏滞系数越大，因而可以减小泥沙的沉降速度；另一方面，盐水可以促使微细颗粒泥沙发生絮凝，因而增大细颗粒泥沙的沉降速度。

粗颗粒泥沙在盐水中的沉降问题在许多著作中都有所提及，例如在博戈柳博娃和库奇门特的文章中列举了大量试验数据[12]。试验资料表明，粗颗粒泥沙

($d$=1.5～9.9 mm)在盐水中的沉降速度随着容重和黏滞系数的增加而减小，即含盐度越大，沉降速度越小。例如，粒径为 4.0 mm、2.5 mm 和 1.5 mm 的沙粒在清水中测得的沉降速度分别为27.6 cm/s、18.0 cm/s 和 15.5 cm/s，而在容重为1.19 g/cm$^3$、含盐度为 25%的盐水中沉降速度分别为 22.1 cm/s、14.6 cm/s 和 12.1 cm/s，即分别减小 20%、19%和 22%。可以看出，这种由于容重和黏滞系数的增加而引起的沉降速度的减小，完全可以被 2.2 节的公式(2-51)所概括。

细颗粒泥沙在盐水中的沉降问题，远较前述情况复杂。试验观察表明，细颗粒泥沙在盐水中的沉降过程不可能用简单的力学图案描述，而是受制于物理化学作用。在这种物理化学作用下，具有一定浓度的细颗粒泥沙开始产生絮凝现象，数个至数十个颗粒聚集成团下降，沉降速度显著加大。以淤泥为例，中值粒径为0.004 mm 的淤泥在清水中(当 $t$=20℃时)的沉降速度约为 0.001 cm/s，而在含盐度为 20%的海水中的沉降速度加大到 0.01 cm/s 左右，即增大 10 倍左右。可以看出，细颗粒泥沙在盐水中的沉降速度随着含盐度的增加而增大，但这种变化是缓慢的，在高含沙量时是很不显著的。颗粒越细，絮凝现象越突出。一些资料表明，当粒径小于 0.007 mm、含盐度超过 5‰、含沙浓度超过 1 kg/m$^3$ 时，就可能观察到细颗粒泥沙的絮凝现象。然而产生絮凝现象的极限粒径、极限含盐度和极限含沙量等确切的定量数值还有待于今后的观测研究。

### 2.3.2　含沙量的影响

在含沙浓度不大时，泥沙颗粒在沉降过程中彼此影响很小，可以看作是自由沉降，但是当含沙浓度较大时，一方面由于浑水的密度和黏滞系数加大，另一方面由于颗粒在沉降过程中互相影响，沉降阻力增大，沉降速度减小，这样的沉降过程通常称作制约沉降，其沉降速度称作制约沉降速度。试验表明，制约沉降速度与含沙浓度有关，含沙浓度越大，沉降速度越小。

不少学者对制约沉降问题进行了理论分析和试验研究，并提出了计算公式。例如蔡树棠曾讨论了在小雷诺数、低含沙浓度条件下的制约沉降速度[13]，并导得下述公式：

$$\omega_0 = \omega \left( 1 - \frac{3}{4} \sqrt[3]{\frac{S_V}{\frac{\pi}{6}}} \right) \tag{2-52}$$

式中：　$\omega_0$——制约沉降速度；

$\omega$——自由沉降速度；

$S_V$——含沙浓度(体积比)。

公式(2-52)与林秉南的试验成果基本上一致。然而这个公式在与其他试验资料相比时，并没有得到肯定。看来，这是由于在公式推导过程中采用的物理图案过于简单所致。

库尔加耶夫曾对小雷诺数时的制约沉降机制进行了观测研究[14]。试验表明，在制约沉降过程中绕流处于紊动状态。由于泥沙颗粒在沉降过程中彼此互相影响，水流不断产生脉动。含沙浓度越高，颗粒间的相互作用越强，流速的脉动越强烈，因而脉动强度随着含沙浓度的增加而增大。库尔加耶夫指出，水流的脉动引起了动量的交换，致使液体的有效黏滞系数增大。上述现象表明，控制制约沉降的物理因素是很复杂的，因而通过简单的理论分析所获得的计算公式往往不能与实际情况相符合。

由于理论研究的困难，目前只有根据试验才能得到比较可靠的结果。通过试验建立的经验公式很多，其中明茨公式[15]获得了较为广泛的传播：

对粗颗粒泥沙（$d>10$ mm）

$$\omega_0 = \left[ \sqrt{(0.23S_V)^2 + (1-S_V)^3} - 0.23S_V \right] \omega \tag{2-53}$$

对细颗粒泥沙（$d<0.1$ mm）

$$\omega_0 = \left[ \sqrt{(4.5S_V)^2 + (1-S_V)^3} - 4.5S_V \right] \omega \tag{2-54}$$

限于明茨的试验范围，上述公式完全不能反映微细颗粒的制约沉降规律。现有资料表明，淤泥的群体制约沉降速度，在发生絮凝的条件下，随着含沙浓度的增加而迅速减小。根据天津新港淤泥的试验结果（图 2-4），董凤舞得到了如下的试验公式[16]：

$$\omega_0 = \omega_a e^{-69S_V} \tag{2-55}$$

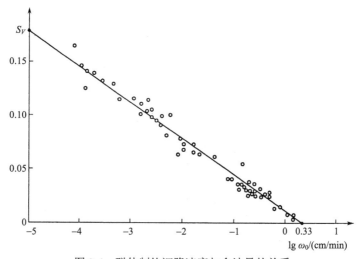

图 2-4　群体制约沉降速度与含沙量的关系

式中：　$\omega_a = 0.0357\,\text{cm/s}$；

　　$S_V$——含沙浓度（体积比）。

所用资料的范围为：含盐度大于 5‰，含沙量为 $8 \sim 400\,\text{kg/m}^3$（相当于体积浓度 $0.003 \sim 0.15$）。试验表明，含盐度和温度的改变对淤泥群体制约的沉降速度没有显著影响，因而公式的应用范围一般不受含盐度和温度的限制，但对粒径的影响尚有待于进一步研究。

**例 2-4**　试求天津新港淤泥在含沙量为 $50\,\text{kg/m}^3$ 时的群体制约沉降速度。

**解**　新港淤泥颗粒的容重为 $2.65\,\text{g/cm}^3$，因而上述含沙量换成体积比时为 0.0189。将此值代入公式(2-55)求得群体制约沉降速度如下：

$$\omega_0 = 0.0357 \text{e}^{-69 \times 0.0189} = 0.009\,75\,\text{cm/s}$$

# 第3章　泥沙的起动规律

## 3.1　泥沙起动的判数

除了少数岩石河床外，一般河床都由可冲土质(如卵石、沙、淤泥、黏土等)组成。在这样的河道中，当水流达到一定强度时，床面上的泥沙就开始移动。由于各种泥沙的稳定程度不同，其开始起动时的水流条件也不同。稳定度大的泥沙(如卵石、黏土等)只有在很强的水流作用下才开始起动。稳定度低的泥沙(如细沙、粉沙等)在不太强的水流作用下就开始起动。由此可见，泥沙开始起动时的水流条件是泥沙因素的函数。为了明确这个函数关系式，许多学者进行过大量研究[①]，通常都从泥沙颗粒极限平衡条件出发，即认为促使颗粒失去稳定的水流作用力(或力矩)与保持颗粒稳定的力(或力矩)相等时，泥沙颗粒将发生运动。

由于表示水流对泥沙颗粒的平均作用力，可以通过流速或者切应力形式来表示，因而用来表述泥沙起动条件时有两种判数，即起动流速和临界切应力。前者是由布拉姆斯(1753 年)和艾里(1834 年)提出的(见参考文献[17]第 53 页)，后者是由杜波依斯提出的。艾里等用牛顿公式

$$F_x = \lambda_x \alpha_2 d^2 \frac{\rho v_d^2}{2} \tag{3-1}$$

表示水流对颗粒的正面推力。杜波依斯等通过推移力即河底切应力表示水流对床面颗粒的作用

$$F_x = \alpha_3 d^2 \tau = \alpha_3 d^2 \rho g H J \tag{3-2}$$

式中：$\alpha_2 d^2$ 和 $\alpha_3 d^2$ 表示颗粒横断面积在相应方向上的投影。虽然这两种判数在本质上是相近的，但究竟哪一个判数表示泥沙起动条件最直接、最确切，却存在疑虑。一些学者认为用流速表示比较方便，也比较确切，因而致力于研究起动流速；而另一些学者则认为切应力是表示泥沙起动的直接判数，因而致力于研究临界切应力。这种认知上的差异在试验研究上得到了强烈的反映。一些学者在试验中把测量流速当作主要项目，而另一些学者则把测量切应力当作主要项目，甚至完全放弃对流速的分析。为了明确这个问题，需要对泥沙起动时的具体情况进行观察和分析。

---

① 关于起动流速公式的介绍，请见参考文献[18]中的第六章，限于篇幅，本书从略。

水槽试验表明，当流速较小时，槽底泥沙处于静止状态，随着流速的增加，水流对颗粒的作用力逐渐加强，当时间平均流速达到某一数值后，床面上的一些颗粒开始移动，起动后的颗粒移动一段距离后停止下来，但另外一些颗粒又开始移动。因而在床面上经常可以看到一些颗粒起动，这时的时间平均流速值通常称作起动流速。从泥沙起动情况的观察结果得到如下概念，泥沙处于起动状态时，不是床面上的泥沙一同开始起动，而只是一些颗粒起动，忽而这片床面有一些颗粒起动，忽而那片床面有一些颗粒起动，由于床面上的颗粒排列得并非完全整齐，有的颗粒露出一些，有的颗粒凹进一些，颗粒的受力情况也不一致，那些露出床面的颗粒受力较强，因而易于起动。一些颗粒移走后，另一些颗粒又暴露出来，并发生移动。只有当时间平均流速继续加大后，床面上才有大量颗粒运移。

上述情况表明，泥沙处于起动状态时，水流的平均作用力(包括正面推力和上举力)还不足以造成一般颗粒的起动，只是由于颗粒受力不均匀，才使得一些颗粒发生移动。可以指出，在那些出现较大脉动流速的地方有一些颗粒受力最大，而最先移动。正是由于这个原因，为了确切表述泥沙起动条件，应当讨论作用于具体颗粒的瞬时作用力，而不应当以时间平均水流对床面颗粒的平均作用力为泥沙起动的依据。

如果将式(3-1)中的 $v_d$ 看作是瞬时底流速，$\lambda$ 看作是水流对那些突出颗粒的阻力系数，则此式完全可以反映泥沙起动时的真实受力情况。然而式(3-2)表示的只是时间平均水流对床面泥沙颗粒的平均作用力，其值远较实际作用力为小。由此可见，切应力并不能直接表示发生起动的那些颗粒所受的作用力，而只是在乘以某个校正系数后才能够近似地表示起动颗粒的受力情况，因此采用起动流速的概念来表示泥沙起动时的水流条件最为确切，也最为直接，而临界切应力则只是泥沙起动的间接判数。许多学者之所以认为切应力是泥沙起动的直接判数，是由于他们在讨论颗粒稳定条件时，只从平均作用力的概念出发而没有考虑到颗粒起动时的具体受力情况。

此外也应当指出，采用式(3-1)的形式来表述水流对颗粒的作用力还有以下优点：

(1) 易于考虑水流对颗粒的上举力，特别是其瞬时值；

(2) 流速比水面比降易于精确测量；

(3) 在实践中易于应用。

关于第一点在前面已经提及，下面还将提到，这里仅就第二、三两点作如下说明：在较短距离内要想精确测出水面比降几乎是不可能的，因此通常都用长距离间的平均比降来表示各断面的比降。在河道中，甚至在水槽内，水流常常不是完全均匀的，水面比降的局部变化是经常存在的，如果忽视这种变化，则算出的切应力就不能反映水流对颗粒的平均作用力。例如，在流量和河宽沿程不变、而水深有变化时，如果采用平均比降来表示各断面的比降，则将得出水深大的断面切应力也大的错误结论。事实上，水深小的断面流速大，水流的作用力也大。直接观察也证实，水深小的断面泥沙颗粒受力大，易于移动。当然，采用切应力概念的根本问题还是在于前边提到的，不能确切和直接反映颗粒起动时的具体受力情况。

在指出两个判数间的原则差别后，也不要忘记它们之间在表述形式上还是可以互换的。不难理解，由于脉动流速符合高斯正态分布定律，在具有一定出现概率的瞬时流速和时间平均流速间存在着统计关系，因而在考虑脉动强度的基础上，可以把瞬时平均流速换成其时间平均值。因此起动流速的概念，仍然可以通过时间平均流速来表示，在平均流速和动力流速间存在着下述关系：

$$v_{cp} = C_0 \sqrt{gHJ} = C_0 v_*$$

或

$$v_{底} = C_0 \eta v_*$$

式中： $v_{cp}$ ——平均流速；

    $C_0$ ——无尺度谢才系数；

    $H$ ——水深；

    $J$ ——水力坡度；

    $v_*$ ——动力流速；

    $\eta$ ——底流速与平均流速之比值。

如果引用对数流速分布公式 $v=5.75v_* \lg\left(1+30\dfrac{H-y}{\Delta}\right)$，并假定距床面 $\dfrac{\Delta}{2}$ 点的流速为底流速，即 $y=H-\dfrac{\Delta}{2}$ 处，则可写出

$$v_d = 6.92v_* = 6.92\sqrt{\frac{\tau}{\rho}}$$

因此任何一个起动流速公式都可以改写为临界切应力公式，而任何一个临界切应力公式也可以改写为起动流速公式。

## 3.2　床面颗粒的受力情况

前面已经提过，在很长时间内，人们认为床面颗粒只受水流正面推力作用。然而通过几十年的仔细观测才证明，除了正面推力外，床面颗粒还受上举力的作用，后者是由于水流对床面颗粒的不对称绕流和水流的竖向脉动而产生的。对保持颗粒稳定的力的认识，也是逐步深入的。在很长一段时间内，人们都以为泥沙

颗粒只是在自重作用下保持稳定的，后来，布尔莱[19]在假定颗粒间没有（或者可以不考虑）薄膜水并密实相接的基础上，提出了需要考虑水流下压力作用的论点。由于上述假定与薄膜水理论相违（见下文），这个论点没有得到承认。在仔细研究薄膜水物理性质的基础上，笔者通过试验明确了薄膜水的单向受压性质，因而证实了水对床面颗粒的下压作用[20-22]。同时也应当指出，在较细泥沙中（粒径小于 0.5 mm）黏结力的影响已比较明显，因此，保持床面泥沙稳定的力为颗粒在水中的自重、黏结力和水的下压力。现在对各力分别加以讨论。

### 3.2.1　水流对颗粒的正面推力和上举力

前边已经提到，作用于床面泥沙颗粒的瞬时正面推力可以写作如下形式：

$$F_x = \lambda_x \alpha_2 d^2 \frac{\rho v_d^2}{2} \tag{3-3}$$

式中：$\lambda_x$ ——正面阻力系数；

　　　$\alpha_2$ ——形状系数（对球体 $\alpha_2 = \dfrac{\pi}{4}$，对一般泥沙颗粒 $\alpha_2 \approx \dfrac{\pi}{6}$）；

　　　$d$ ——泥沙粒径；

　　　$v_d$ ——瞬时底流速；

　　　$\rho$ ——水的密度。

作用于颗粒的上举力可以写作如下形式：

$$F_y = \lambda_y \alpha_3 d^2 \frac{\rho v_d^2}{2} \tag{3-4}$$

式中：$\lambda_y$ ——上举力系数，其余符号同前。

目前对正面阻力系数和上举力系数的研究还很不够，但也积累了一些资料。例如爱因斯坦得到 $\lambda_y = 0.178$ [23]。杰缅季耶夫对正面推力和上举力做了比较全面和系统的试验[24,25]，获得了有关 $\lambda_x$ 和 $\lambda_y$ 的大量数据。根据这些数据，叶吉阿扎罗夫[26,27]绘制了 $\lambda_x$ 和 $\lambda_y$ 随着颗粒间距的变化曲线（图 3-1）。从图中可以看到，当颗粒的间距很小时，上举力系数很大，并达到 0.2 以上。但是当颗粒间距增大后，$\lambda_y$ 急剧减小并形成负值，当间距 $l \approx 0.13\,d$ 左右时，$\lambda_y$ 值又上升；并当 $l > 0.15\,d$ 后，$\lambda_y$ 保持一个较为稳定的数值，约等于 0.1。可以指出，泥沙颗粒在起动前常常发生颤动，因而颗粒的间距一般都超过 $0.2\,d$。因而可以取

$$\lambda_y = 0.1$$

图 3-1 也表明，当 $l > 0.2\,d$ 后，$\dfrac{\lambda_y}{\lambda_x} \approx 0.25$，因而可以取

$$\lambda_x = 0.4$$

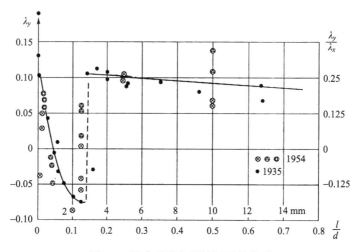

图 3-1    阻力系数与颗粒间距的关系

　　一般说来，只是当绕流处于紊流状态时，其阻力才与流速的平方成正比，即 $\lambda_x$ 和 $\lambda_y$ 保持为常值。当绕流处于过渡状态时，由于黏结力开始有影响，其阻力不再是与流速的平方成正比而是小于其平方，并且当绕流处于层流状态时，阻力只与流速的一次方成正比。因而不难理解，在过渡区和层流区时，阻力系数 $\lambda_x$ 和 $\lambda_y$ 将是雷诺数的函数，其值随着雷诺数的减小而增加(参见图 2-1 和图 2-3)，然而其间的准确定量关系，目前还难以建立。根据上述定性关系可以看出，如果其他条件不变的话，雷诺数越小时，颗粒受力相对越大，因而似乎雷诺数小时泥沙越易起动。然而由于在过渡区和层流区时，直接作用于颗粒的底流速和水流的脉动强度均有相应的减小，因而泥沙颗粒在雷诺数较小时并不一定容易起动。目前所掌握的一些试验资料(如甘油试验)表明，在其他条件相同的情况下，雷诺数的变化对泥沙起动并没有什么显著影响。这似乎表明，在过渡区或接近层流区时，阻力系数的增大基本上与底流速的减小和脉动的减弱相抵消。因而为阻力平方区所导得的公式，也可以用来近似计算非阻力平方区甚至层流区的起动条件。

### 3.2.2    颗粒间的黏结力

　　对一般泥沙来说，当颗粒较粗时，黏结力的影响很小，一般可以忽略不计。但随着颗粒的减小，黏结力逐渐加强，特别是黏土中的黏结力更大。通常所说的黏土中的黏结力是由许多不同性质的物理化学作用力(如分子力、离子力、吸附力等)，因而影响黏结力的物理化学因素很多，目前还难于进行全面阐述。

　　对黏土的分析和试验研究表明，影响黏结力的主要因素有土质结构、矿物组成、有机物质种类及其含量、抗水性能、密度、塑性、沉积条件、机械组成等。目前对这些因素还难以建立定量指标。因此在讨论一般黏土颗粒稳定时，直接考虑土壤的黏结力是很必要的。然而应当指出，根据土样滑动条件和破裂条件测出的黏结力数值是有所不同的，在静力条件下和在动力(振动)条件下测出的黏结力数值也是不同的。如果用 $c_c$ 表示在静力滑动条件下的黏结力，用 $c_p$ 表示在静力破裂条件下的黏结力，用 $c_d$ 表示在动力破裂条件下的黏结力，在一般情况下有

$$c_c > c_p > c_d \tag{3-5}$$

如果令

$$K_p = \frac{c_p}{c_c}, \quad K_d = \frac{c_d}{c_p} \tag{3-6}$$

则有

$$c_d = K_p K_d c_c \tag{3-7}$$

根据一般文献，$K_p$ 值约为 0.25，$K_d$ 值为 $\frac{1}{5} \sim \frac{1}{3}$。如果取其平均值，则 $K_d$ 值也为 0.25。当然，这只是一些近似值，在获得准确数值后，需要加以订正。

可以指出，由于水流的脉动使得水流作用力具有动力性质，因而在起动时的黏结力远较一般应用滑动法测得的力小。根据式(3-7)可知，起动时的平均黏结力约为静力滑动条件下测出的黏结力的 $\frac{1}{16}$。

同时也应当指出，黏土内部的黏结力的分布并不是很均匀。对结构黏土来说，每个结构体内部的黏结力大于结构体表面与结构体表面之间的黏结力。实际观察表明，在水流作用下黏土不是一粒一粒地起动，而是一个单元体一个单元体地起动，因此在计算黏土起动流速时应当考虑到结构体间的黏结力比土壤平均黏结力小这一事实。看来，在没有更直接的测量资料之前，可以认为结构体间的黏结力与平均黏结力之比值 $K_1 \approx \frac{1}{4}$，即

$$c_c = K_1 c_{c,cp} \approx \frac{1}{4} c_{c,cp} \tag{3-8}$$

可以指出，一般按土力学方法在滑动条件下测得的黏结力只是土块的平均黏结力，因而根据这样测得的黏结力 $c_{c,cp}$ 来讨论结构黏土的起动(冲刷)问题时，需要考虑式(3-8)的关系。同时也应当指出，在一般非结构黏土中，由于土壤内部含有气泡、裂痕等，内部黏结力也不够均匀，在水流作用下土壤首先从这些黏结力小的地方破裂。一般资料表明，有气泡和裂痕等地方的黏结力与平均黏结力之比值 $K_2 \approx \frac{1}{3}$，即

$$c_c = K_2 c_{c,cp} \approx \frac{1}{3} c_{c,cp} \tag{3-9}$$

应当指出，一般从土样中测出的平均黏结力都用黏结应力，即单位面积上的

黏结力 $\tau_{c,cp}$ 来表示，在 $c_{c,cp}$ 和 $\tau_{c,cp}$ 间存在着下述关系：

$$c_{c,cp} = \alpha_3 D^2 \tau_{c,cp} \tag{3-10}$$

式中：$D$——黏土的粒径或起动土块的直径；

$\quad\quad \alpha_3 D^2$——颗粒或土块横断面积在水平面上的投影。

如果暂不讨论黏土中的黏结力，而只讨论一般颗粒间由于薄膜水的存在而引起的黏结力时，此力可以用一个简单的关系式来表示。一般都知道，在完全干燥条件下石英质颗粒间是没有黏性的，但是当颗粒间具有薄膜水后，就产生了黏结力。关于这种黏结力的物理性质，至今还没有被完全认识清楚。以前认为黏结力主要是由薄膜水的微管压力引起的，后来又发现薄膜水的分子与颗粒表面分子间的相互作用也是引起颗粒间产生黏结力的重要因素。随着对薄膜水性质的进一步明确（详见后文），可以指出，大气压力也是颗粒间产生黏结力的一个原因。为了定量表述颗粒间的黏结力，可以引用杰里亚金根据固体表面间的相互作用而导得的公式，对球体颗粒来说，具有如下形式[28]：

$$c_c = \frac{\pi}{2} d\varepsilon \tag{3-11}$$

式中：$c_c$——黏结力；

$\quad\quad d$——颗粒直径；

$\quad\quad \varepsilon$——黏结力参数，具有比能尺度，其值将由专门的试验来确定（见 3.2.4 节）。

### 3.2.3　水对床面颗粒的下压力

颗粒的周围经常由薄膜水包围着，这层薄膜水同颗粒紧密相连，用力学的方法很难使它同附着体分离。在这层附着于固体壁面的薄膜水内，水分子牢固地依附在固体壁面，发生极化，而具有固定的方向和排列秩序，极难移动。因而薄膜水（或称束缚水）具有与普通水（或称自由水）许多不同的特性，如密度大、近似固体等。薄膜水的上述特性必然导致它与自由水具有不同的静力特性。如果在普通水中任何一点的压力在各个方向上均相等，即符合于帕斯卡定律，那么在薄膜水内由于其束缚性而接近于固体，使得压力只沿直线方向传递，而在与此直线垂直的方向上几乎没有压力传递。换句话说，薄膜水不符合帕斯卡静水压强定律，而具有单向受压性质。薄膜水的这一特性需要考虑水的下压力，这个下压力可以用下式来表示（图 3-2）[①]：

$$F_x = \gamma H \omega_k \tag{3-12}$$

式中：$\gamma$——水的容重；

---

① 可以认为大气压力的变化不大，其影响在黏结力中予以考虑。

$H$——水深；

$\omega_k$——颗粒与支撑着它的颗粒间的薄膜水面积，即接触面积。

由于薄膜水的上述特性是由水分子与壁面的相互作用而形成的，这种作用的影响不可能涉及较厚的水体里。因此这样的束缚水具有一定的厚度，超出此界限后，上述薄膜水的单向受压特性已不存在。

为了确定水的下压力，需要知道接触面积的定量关系式。如果用 $\delta_0$ 表示薄膜水的厚度，用 $\delta_1$ 表示两颗粒间的最小距离，用 $d$ 表示颗粒的直径，则根据图 3-3 可以写出

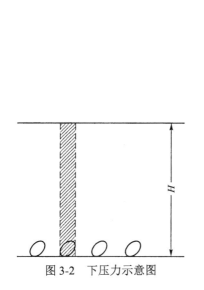

图 3-2　下压力示意图

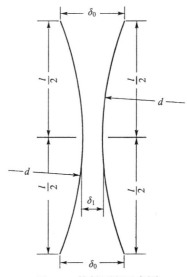

图 3-3　接触面积示意图

$$\frac{1}{2}(\delta_0 - \delta_1) = \frac{d}{2} - \sqrt{\left(\frac{d}{2}\right)^2 - \left(\frac{l}{2}\right)^2} \tag{3-13}$$

如果按照牛顿二项式定理将上式右边根号中的数值展开，并近似地取前两项，则有

$$\sqrt{\left(\frac{d}{2}\right)^2 - \left(\frac{l}{2}\right)^2} \approx \frac{d}{2} - \frac{1}{2}\left(\frac{d}{2}\right)^{-1}\left(\frac{l}{2}\right)^2 = \frac{d}{2} - \frac{l^2}{4d}$$

将此式代入式 (3-13)，可得接触面积的直径 $l$

$$l^2 = 2d(\delta_0 - \delta_1) \tag{3-14}$$

由此可知，两颗粒间的接触面积为

$$\omega_k = \frac{\pi}{4}l^2 = \frac{\pi}{4}2d(\delta_0 - \delta_1) = \frac{\pi}{2}d\delta \tag{3-15}$$

式中用 $\delta$ 表示 $\delta_0 - \delta_1$，其值可称作薄膜水的线性参数，需由专门的试验来确定（见后文）。

顺便指出，当在颗粒上有外力作用时，颗粒间的接触面积将相应增大[22]。然而在讨论起动流速时，由于在起动前颗粒不断颤动，由外力所增加的接触面积将消失，因而没有必要来讨论有外力作用时的接触面积。并且应当进一步指出，由于泥沙是在动力作用下起动的，水对颗粒的下压作用必然比在静力作用下滑动时测得的下压力小，关于这点岗恰洛夫也曾经提及（见文献[29]的 216 页）。为了考虑在动力起动条件比静力滑动条件下的水柱下压力小这一事实，可以近似地采用与黏结力相同的系数 $K_p$ 和 $K_d$，即认为 $K_p \approx K_d \approx \dfrac{1}{4}$。如果设静力滑动条件下的下压力为 $F_{*,c}$，动力起动条件下的下压力为 $F_{*,d}$，则有

$$F_{*,d} = K_p K_d F_{*,c} \tag{3-16}$$

### 3.2.4　薄膜水参数和黏结力参数的试验确定

为了验证前边提出的薄膜水特性和由此而产生的水的下压作用等论点，以及为了确定薄膜水和黏结力参数，笔者曾于 1958 年初在苏联科学院化学物理研究所杰里亚金实验室进行了试验。可以指出，由于试验要求具有高度的精确性，不可能采用一般的具有较大误差的水力学方法，因而采用了交叉石英丝法。这一方法在研究许多表面现象时被成功地使用。

在试验中观测了两条浸于水中的细石英丝间摩擦力的变化情况。这两条丝垂直交叉着，其另外一端分别固定在两根玻璃棒上，如图3-4所示。这两条垂直相交

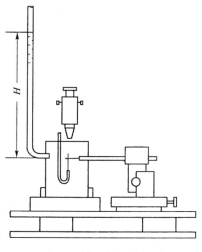

图 3-4　试验仪器示意图

的竖直丝和水平丝，放在充满水的密闭器内，利用竖直棒的转动，可以调节两条
石英丝间的正压力。当把横丝向左右移动时，竖直丝悬臂部分也跟着左右移动。
通过带有刻度的显微镜，观测悬臂丝跳离横丝时的距离，可以求出两丝间的摩擦
力。升降连通管中的水位可以使密闭器中的水压增加与降低。

在图 3-5 中绘制了在不同外力 $N$ 作用下的两丝间摩擦力随水压的变化情况。
从图中可以看到，连通管中的水柱高度增大时（即密闭器内的水压增加时），两丝
间的摩擦力也增大。由于石英丝间的摩擦力可以写作下边这样：

$$F_T = \mu_T (c_c + N + F_{*,c}) \tag{3-17}$$

式中：　$F_T$ ——两丝间的摩擦阻力；

　　　　$\mu_T$ ——摩擦系数；

　　　　$c_c$ ——滑动条件下两丝间的摩擦力；

　　　　$N$ ——两丝间的外压力；

　　　　$F_{*,c}$ ——滑动条件下水的下压力。

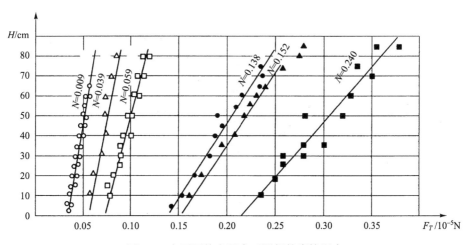

图 3-5　在不同静水压力下测得的摩擦阻力

因而可知，随着水压的加大， $F_{*,c}$ 按直线规律增大，这与公式(3-12)所得出
的结果完全一致。由此可见，有关薄膜水具有单向受压性质以及需要考虑水的下
压作用的论点，得到了试验的证实。

通过对试验结果的分析，可以得到如表 3-1 中所列的具体数据（关于试验的具
体分析方法见文献[22]）。

表 3-1　试验结果表

| 序号 | 横丝直径 $d_1$/cm | 竖丝直径 $d_2$/cm | 外力 $N$/$10^{-5}$N | 摩擦力 $F_T$/$10^{-5}$N | 摩擦系数 $\mu_T$ | 黏结力 $c_c$/$10^{-5}$N | $N=0$ 时的接触面积 $\omega_k$/cm$^2$ |
|---|---|---|---|---|---|---|---|
| 1 | $56.3\times10^{-4}$ | $39.3\times10^{-4}$ | 0.009 | 0.035 | 0.745 | 0.0380 | $40\times10^{-8}$ |
| 2 | $56.3\times10^{-4}$ | $39.3\times10^{-4}$ | 0.039 | 0.057 | 0.745 | 0.0375 | $40\times10^{-8}$ |
| 3 | $56.3\times10^{-4}$ | $39.3\times10^{-4}$ | 0.059 | 0.073 | 0.745 | 0.0390 | $40\times10^{-8}$ |
| 4 | $58.8\times10^{-4}$ | $70.4\times10^{-4}$ | 0.138 | 0.140 | 0.745 | 0.0500 | $55\times10^{-8}$ |
| 5 | $58.8\times10^{-4}$ | $70.4\times10^{-4}$ | 0.152 | 0.152 | 0.745 | 0.0520 | $55\times10^{-8}$ |
| 6 | $58.8\times10^{-4}$ | $70.4\times10^{-4}$ | 0.240 | 0.216 | 0.745 | 0.0500 | $55\times10^{-8}$ |

由于两垂直交叉丝间的黏结力，按照杰里亚金的研究[28]应当写作下边这样：

$$c_c = \pi\sqrt{d_1 d_2}\,\varepsilon \tag{3-18}$$

而两丝间的接触面积之直线边长分别为①

$$\left.\begin{array}{l} l_1 = \sqrt{4(\delta_0-\delta_1)d_1} = \sqrt{4\delta d_1} \\ l_2 = \sqrt{4(\delta_0-\delta_1)d_2} = \sqrt{4\delta d_2} \end{array}\right\} \tag{3-19}$$

其接触面积可以近似地写作

$$\omega_k = l_1 l_2 = 4\delta\sqrt{d_1 d_2} \tag{3-20}$$

根据表 3-1 中列举的实测黏结力和接触面积数值，可以得到黏结力参数的数值。由上述试验数据得到的两参数数值分别为

$$\left.\begin{array}{l} \varepsilon = 2.56\,10^{-5}\text{N/cm} \\ \delta = 0.213\times10^{-4}\text{cm} \end{array}\right\} \tag{3-21}$$

## 3.3　泥沙的起动流速

### 3.3.1　起动流速公式的推导

从前边的叙述中知道，在起动条件下作用于床面泥沙颗粒上的力有：

(1)颗粒在水中的重量

$$G = (\gamma_s - \gamma)\alpha_1 d^3 \tag{3-22}$$

(2)水流对颗粒的正面推力

$$F_x = \lambda_x \alpha_2 d^2 \frac{\rho v_{d,k}^2}{2} \tag{3-23}$$

① 此式的推导过程与式(3-14)的推导过程相类似。

（3）水流对颗粒的上举力

$$F_y = \lambda_y \alpha_3 d^2 \frac{\rho v_{d,k}^2}{2} \tag{3-24}$$

（4）颗粒间的黏结力

$$c_d = K_p K_d c_c \tag{3-25}$$

（5）水对颗粒的下压力

$$F_{*,d} = K_p K_d F_{*,c} \tag{3-26}$$

需要指出，$v_{d,k}$ 是将要起动的颗粒处的水流瞬时底流速。为了使这个瞬时作用流速具有固定性，假定颗粒顶点处，即离底 $\frac{\Delta}{2}$ 点的流速为直接作用于颗粒的底流速，$\Delta$ 为河床糙率。正如前边提过的那样，当时间平均底流速达到一定数值后，某点水流在某一瞬间可能出现较大流速，因而颗粒将遭受较大的正面推力和上举力，在这些力的作用下，颗粒常常失去稳定而起动。直接观察表明，颗粒常常以滚动形式起动，并在滚动过程中常常失去与床面颗粒的接触而形成跳跃式的运动。在这种极限平衡条件下，床面颗粒所受的力有（图 3-6）

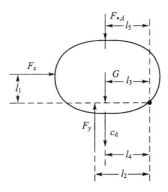

图 3-6　床面颗粒受力示意图

$$F_x l_1 + F_y l_2 = G l_3 + c_d l_4 + F_{*,d} l_5 \tag{3-27}$$

式中：$l_1$、$l_2$、$l_3$、$l_4$、$l_5$——相应各力的力臂。

将式（3-22）～式（3-26）代入式（3-27）后，经过简单整理，可以写出临界流速的瞬时值

$$v_{d,k} = \sqrt{\frac{2\alpha_1 l_3}{\alpha_2 l_1 \lambda_x + \alpha_3 l_2 \lambda_y}} \sqrt{\frac{\rho_s - \rho}{\rho} g d + \frac{K_p K_d}{\alpha_1} \left( \frac{l_4}{l_3} \frac{c_c}{\rho d^2} + \frac{l_5}{l_3} \frac{F_{*,c}}{\rho d^2} \right)} \tag{3-28}$$

在 1.1 节中曾经指出，颗粒的形状近似于椭圆体，其长、宽、高与同体积球

体直径之比分别为 $\dfrac{9}{6} : \dfrac{6}{6} : \dfrac{4}{6}$，因而有

$$\alpha_1 = \frac{\pi}{6}$$

$$\alpha_2 = \frac{\pi}{4} \cdot \frac{4}{6} \cdot \frac{6}{6} = \frac{\pi}{6}$$

$$\alpha_3 = \frac{\pi}{4} \cdot \frac{6}{6} \cdot \frac{9}{6} = \frac{9\pi}{24}$$

可以指出，虽然颗粒滚动时的轴点距颗粒中心距离在水平方向和竖直方向上的投影小于其相当方向上的半轴长，但由于各力的作用点也常常不在中心点，因而为了简化问题，可以近似认为力臂等于其相应轴的半轴长，即假定

$$l_1 = \frac{1}{2} \cdot \frac{4}{6} d = \frac{1}{3} d$$

$$l_2 = l_3 = l_4 = l_5 = \frac{1}{2} \cdot \frac{9}{6} d = \frac{9}{12} d$$

由于现在只讨论各种粒径泥沙的起动流速（即不专门讨论黏土冲刷问题），可以按照公式 (3-11) 和式 (3-12) 的形式来表示公式 (3-28) 中的黏结力和水的下压力。将式 (3-11)、式 (3-12)、式 (3-15) 以及有关 $\alpha$ 和 $l$ 之值代入式 (3-28)，可以得到下述确定泥沙起动时的瞬时底流速的公式：

$$v_{d,k} = 2.24 \sqrt{\frac{\rho_s - \rho}{\rho} gd + 0.19 \left( \frac{\varepsilon_k + gH\delta}{d} \right)} \tag{3-29}$$

式中：$\varepsilon_k = \dfrac{\varepsilon}{\rho} = 2.56 \text{ cm}^3/\text{s}^2$；$\delta = 0.213 \times 10^{-4} \text{ cm}$。

在获得了上述瞬时临界流速公式之后，需要推求此瞬时流速与其时间平均值之关系。前边曾经提到，起动流速是指床面上已有少量泥沙颗粒开始移动时的时间平均流速，这些颗粒是在出现较大正向脉动流速时才发生移动的。如果把能够造成泥沙移动的流速的出现概率定为 5%，则这时的正向脉动流速应为

$$v'_{d,2k} = 2 \overline{\left| v'_{d,2k} \right|} \tag{3-30}$$

式中：$\overline{\left| v'_{d,2k} \right|}$——起动状态下临底纵向脉动流速绝对值的平均值。

由此可知，此时的瞬时底流速应为

$$v_{d,k} = \overline{v_{d,2k}} + 2 \overline{\left| v'_{d,2k} \right|} \tag{3-31}$$

式中：$\overline{v_{d,2k}}$——泥沙处于起动状态时的时间平均底流速，在下节中将要说明，起动流速也可以被称作第二临界流速。

根据笔者的研究[18]，纵向脉动流速沿水深的分布可以书写如下：

$$\overline{|v'|} = 0.8v_* \left[ 1 + \frac{6\left(\dfrac{y}{H}\right)^2}{1 + \sqrt{1 + 50\left(1 - \dfrac{y}{H}\right)\left(\dfrac{y}{H}\right)^2}} \right] \tag{3-32}$$

由此公式可知，临底脉动流速(即 $y = H - \dfrac{\Delta}{2}$ 点的脉动流速)为

$$\overline{|v'_d|} = 0.8v_* \left[ 1 + \frac{6\left(1 - \dfrac{\Delta}{2H}\right)^2}{1 + \sqrt{1 + 25\dfrac{\Delta}{H}\left(1 - \dfrac{\Delta}{2H}\right)^2}} \right] \tag{3-33}$$

又由于 $v_* = \dfrac{v_{cp}}{C_0} = \dfrac{\overline{v_d}}{\eta C_0}$，$C_0$ 为无尺度谢才系数，因而公式(3-31)可以写作

$$v_{d,k} = M\overline{v_{d,2k}} \tag{3-34}$$

式中

$$M = 1 + \frac{1.6}{\eta C_0} \left[ 1 + \frac{6\left(1 - \dfrac{\Delta}{2H}\right)^2}{1 + \sqrt{1 + 25\dfrac{\Delta}{H}\left(1 - \dfrac{\Delta}{2H}\right)^2}} \right] \tag{3-35}$$

如果想求出瞬时底流速与垂线平均流速间的关系，则根据式(3-34)可以写出

$$v_{d,k} = M\eta\overline{v_{cp,2k}} \tag{3-36}$$

其中流速比值 $\eta$ 可由相应公式[18]或根据图 3-9 来确定。

试验表明，泥沙处于起动状态时，无尺度谢才系数 $C_0$ 只与相对糙率有关，而当粒径大于 0.1 mm 时，平整河底的糙率完全决定于粒径的大小，在这种情况下

$$\Delta = d \tag{3-37}$$

当粒径小于上述数值时，河底糙率已不取决于单个颗粒的直径，而主要取决于河底的起伏不平情况，而后者往往远远大于前者。在图 3-7 中根据泥沙起动试验资料(0.1 mm $< d <$ 24 mm)绘制了无尺度谢才系数 $C_0$ 与相对糙率 $\dfrac{H}{\Delta}$ 之间的关系。这些试验资料表明，泥沙处于起动状态时，$C_0$ 可以由下述指数关系来确定：

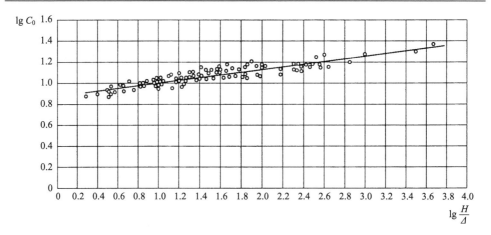

图 3-7　泥沙处于起动状态时无尺度谢才系数与相对糙率的关系

$$C_0 = 7.5\left(\frac{H}{\Delta}\right)^{\frac{1}{8}} \tag{3-38}$$

应当指出，在天然河道中，虽然河床质泥沙粒径可能大于 0.1 mm，但河底的起伏不平情况仍难以用粒径 $d$ 来表示。因而在这种情况下的糙率 $\Delta$ 也同粒径小于 0.1 mm 时一样，不等于直径 $d$，其值需要由式 (3-38) 根据实测的 $C_0$ 值来反求。

由于流速比值 $\eta$ 和脉动参数 $M$ 都只与相对糙率有关，为了便于计算，把根据公式求得的 $M$、$\eta$ 以及此两值的乘积分别绘于图 3-8、图 3-9 和图 3-10 中。

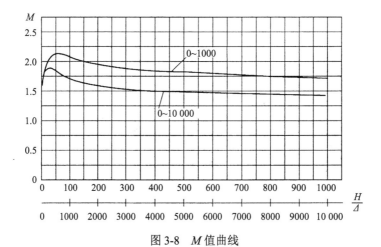

图 3-8　$M$ 值曲线

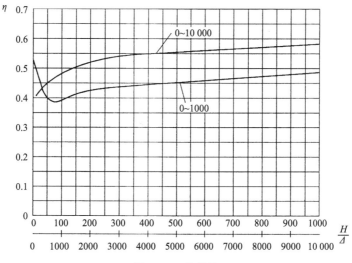

图 3-9　$\eta$ 值曲线

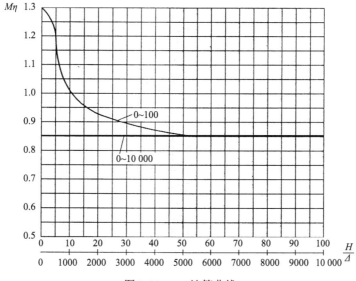

图 3-10　$M\eta$ 计算曲线

考虑到关系式(3-34)和式(3-36)以及式(3-29)，起动流速的计算公式可以写作

$$\overline{v_{d,2k}} = \frac{2.24}{M}\sqrt{\frac{\rho_s - \rho}{\rho}gd + 0.19\frac{\varepsilon_k + gH\delta}{d}} \tag{3-39}$$

和

$$\overline{v_{cp,2k}} = \frac{2.24}{M\eta}\sqrt{\frac{\rho_s - \rho}{\rho}gd + 0.19\frac{\varepsilon_k + gH\delta}{d}} \tag{3-40}$$

式中的参数已于前述，其中

$$\varepsilon_k = 2.56\ \mathrm{cm^3/s^2},\ \delta = 0.213\times10^{-4}\ \mathrm{cm}$$

由于上述公式(3-39)和式(3-40)所给出的数值反映了泥沙颗粒发生运动的水力条件，它与沉降速度一样，是泥沙颗粒的重要水力特征。

### 3.3.2　公式与实测数据的比较

上述起动流速公式的结构及其所包含的系数都是由理论途径导得的，是否正确需要用实测数据加以验证。为此，笔者曾进行了多种粒径泥沙的起动流速试验。试验是在长 13 m、宽 0.5 m 的活动玻璃水槽内完成的。粒径变化范围为 0.004～24 mm，测得的起动流速数据列于表 3-2 中(关于试验的详细情况请见文献[22])。在同一表中最后一列给出了根据公式(3-40)求得的计算值。

表 3-2　计算值与笔者试验值

| 序号 | 粒径 $d$/mm | 水深 $H$/cm | 起动流速 $\overline{v_{\mathrm{cp},2k}}$ /(cm/s) | | 备注 |
| --- | --- | --- | --- | --- | --- |
| | | | 试验值 | 计算值 | |
| 1 | 0.004 | 6～16 | 86.0～105 | 93.5 | |
| 2 | 0.015 | 12～18 | 45.2～53.0 | 48.6 | |
| 3 | 0.030 | 12～18 | 32.0～39.0 | 34.9 | 1. 泥沙的湿容重 |
| 4 | 0.050 | 12～18 | 21.5～27.5 | 27.2 | 为 1.59 t/m³ |
| 5 | 0.20 | 12～18 | 19.5～22.0 | 20.4 | 2. 试验值只给出 |
| 6 | 0.34 | 11～19 | 21.0～23.2 | 22.2 | 试验资料中的最 |
| 7 | 0.58 | 13～18 | 24.0～29.0 | 27.2 | 大值和最小值 |
| 8 | 5.0 | 12～18 | 69.0～80.5 | 75.7 | |
| 9 | 24.0 | 10～14 | 132～150 | 140 | |

表中数据表明，理论公式与试验是一致的。为了进一步验证公式，笔者搜集了其他学者的试验资料。在图 3-11 中引用了维利卡诺夫[30]、沃伊诺维奇[31]、普什卡列夫[32]、克诺罗兹[33]、梅叶-彼德[34]、叶吉阿扎罗夫[35]、鲁宾施泰因[36]、列瓦什科[37]、斯考贝[38]、查特里[38]、克拉米[39]、美国水道试验站[40]、何之泰[41]、李保如[42]、张有龄[43]、南京水利科学研究所、大连工学院(大连理工大学)[44]以及笔者本人的试验资料，对公式(3-29)进行了验证。从图中可以看到，理论曲线与试验数据是一致的。为了避免图中点据过多，还有一些学者(如安芸皎一[45]、岗恰洛夫[46]等)的试验数据没有点入。可以指出，那些数据与公式也是完全符合的。

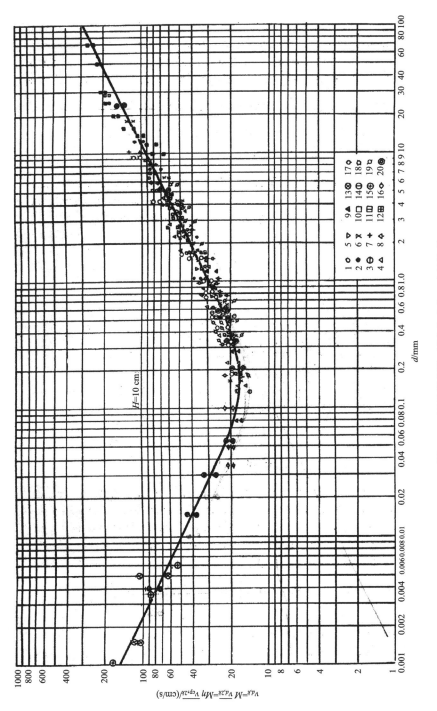

图 3-11　试验数据与理论公式 (3-40) 的比较

1-南科所；2-侯穆堂；3-张有龄；4-维利卡诺夫；5-普什卡列夫；6-克诺罗兹；7-沃伊扣维奇；8-叶干诺夫；9-鲁宾施泰因；10-梅叶-彼德；11-吉尔伯特；12-雷佛纳克；13-斯考贝；14-克拉米；15-查特里；16-李保如；17-列especie知；18-USWES；19-何之泰；20-窦国仁

上边引述的都是一些水槽试验资料，水深较小。至于在深水情况下公式(3-40)是否仍能正确反映泥沙的起动条件，目前由于缺少足够数量的实测资料，尚难肯定，有待于进一步研究。在河道中观测起动流速是比较困难的，目前仅有的一些实测数据是否精确可靠，也还有些疑问。但这些资料在某种程度上可能还是能够反映泥沙的起动条件的。在表 3-3 中引用了博德里亚什金搜集的一些粗沙河流的野外观测资料[47]，在表 3-4 中列举了笔者搜集和整理的有关长江及其支流的起动流速数据[21]，同时也给出了根据公式(3-40)求得的计算值作为参考。

表 3-3　粗颗粒泥沙起动流速的野外实测数据

| 序号 | 流量 $Q$/(m³/s) | 水深 $H$/m | 粒径 $d$/mm | 比降 $J$ | 无尺度谢才系数 $C_0$ | 起动流速 $\overline{v_{cp,2k}}$ /(cm/s) | |
| --- | --- | --- | --- | --- | --- | --- | --- |
| | | | | | | 实测值 | 计算值 |
| 1 | 108 | 0.87 | 30 | 0.0033 | 9.7 | 1.60 | 1.65 |
| 2 | 324 | 1.26 | 47 | 0.0034 | 8.5 | 1.75 | 1.74 |
| 3 | 42 | 0.97 | 32 | 0.0032 | 10.1 | 1.78 | 1.70 |
| 4 | 7.9 | 0.58 | 13.7 | 0.0024 | 10.5 | 1.20 | 1.02 |
| 5 | 84.9 | 1.59 | 140 | 0.01 | 7.6 | 3.00 | 2.32 |
| 6 | 52.5 | 1.04 | 40 | 0.004 | 9.9 | 1.90 | 1.90 |
| 7 | 101 | 1.89 | 6 | 0.00043 | 11.5 | 1.00 | 0.78 |
| 8 | 46.6 | 1.26 | 3 | 0.0003 | 11.2 | 0.68 | 0.52 |
| 9 | 23.2 | 1.02 | 8 | 0.001 | 10.2 | 1.01 | 0.83 |
| 10 | 106 | 2.56 | 6 | 0.00039 | 9.6 | 0.95 | 0.70 |

表 3-4　细沙河流的起动流速数据

| 序号 | 河流名称 | 粒径 $d$/mm | 水深 $H$/m | 起动流速 $\overline{v_{cp,2k}}$ /(cm/s) | |
| --- | --- | --- | --- | --- | --- |
| | | | | 实测值 | 计算值 |
| 1 | 长江(宜昌—汉口段) | 0.18 | 15.0 | 0.65 | 0.54 |
| 2 | 荆江埠河 | 0.15 | 3.0 | 0.30 | 0.30 |
| 3 | 长江支流(华容) | 0.10 | 6.0 | 0.40 | 0.44 |

前边引用的资料都是天然泥沙的起动资料，其容重均在 2.65 t/m³ 左右。在表 3-5 引用了具有不同容重颗粒的实测数据并与公式(3-40)进行了比较。这些资料是南京水利科学研究所在水槽中试验轻质模型沙的起动条件时获得的，试验沙系由木屑和煤屑制成。表 3-5 中数据说明，公式(3-40)可以用来计算具有各种容

重泥沙的起动条件。

表 3-5　轻质沙的起动流速数据

| 序号 | $d$/mm | $\gamma_1/$(t/m³) | $H$/cm | 起动流速 $\overline{v_{\mathrm{cp},2k}}$ /(cm/s) | |
|---|---|---|---|---|---|
| | | | | 试验值 | 计算值 |
| 1 | 0.69 | 1.48 | 10～15 | 14～19 | 16.8 |
| 2 | 0.85 | 1.53 | 8～16 | 16～22 | 18.0 |
| 3 | 1.71 | 1.49 | 9～14 | 23～26 | 24.6 |
| 4 | 1.75 | 1.50 | 7～14 | 27～30 | 25.2 |
| 5 | 3.30 | 1.52 | 6～13 | 34～39 | 34.5 |
| 6 | 2.60 | 1.35 | 8～30 | 18～26 | 24.0 |
| 7 | 3.70 | 1.35 | 6～28 | 22～30 | 28.0 |
| 8 | 8.0 | 1.35 | 6～16 | 39～50 | 40.0 |
| 9 | 1.0 | 1.25 | 7～25 | 12～15 | 14.5 |
| 10 | 1.0 | 1.20 | 7～30 | 12～14 | 13.2 |
| 11 | 0.3 | 1.21 | 10～20 | 10～13 | 12.3 |
| 12 | 1.0 | 1.12 | 9～30 | 11～13 | 11.2 |

一般河流泥沙的容重变化不大，可以认为是一常值（$\gamma_s \approx 2.65$ t/m³）。在这种情况下，泥沙起动流速的瞬时值 $v_{d,k}$ 只是粒径和水深的函数，因而很容易绘成列线图供计算时应用。在图 3-12 中根据公式(3-29)绘制了起动流速的列线图。在计算泥沙起动流速的时间平均值时，只需要将由图 3-12 中查得的数值除以 $M$ 或 $M\eta$ 即可获得泥沙起动流速 $\overline{v_{d,2k}}$ 或 $\overline{v_{\mathrm{cp},2k}}$。

**例 3-1**　试求粒径为 0.2 mm 的泥沙在水深为 10 cm 时的起动流速。

**解**　由公式(3-29)求得泥沙的瞬时起动流速 $v_d = 17.2$ cm/s。在床面平整时，可以认为 $\varDelta = d = 0.2$ mm，因而相对光滑度 $\dfrac{H}{\varDelta} = 500$。从图 3-8 中可知，脉动参数 $M = 1.8$，因而泥沙起动时的时间平均底流速（即以底流速表示的起动流速） $\overline{v_{d,2k}} = 9.55$ cm/s。从图 3-10 中可知，$M\eta = 0.845$，因而用平均流速表示的起动流速 $\overline{v_{\mathrm{cp},2k}} = 20.4$ cm/s。由此可见，当水槽中的平均流速达到 20.4 cm/s 时，粒径为 0.2 mm 的泥沙颗粒就开始起动。

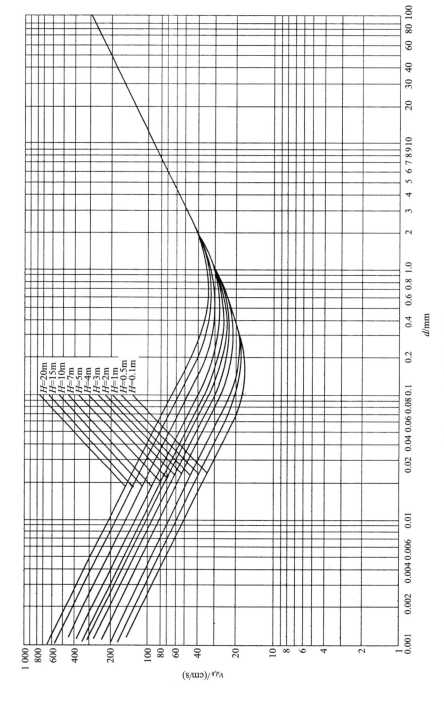

图 3-12　起动流速列线图

# 3.4　泥沙的不动流速和止动流速

在泥沙起动理论中，除了起动流速外，还需要讨论不动流速和止动流速。下面先来讨论不动流速问题，再讨论止动流速。

## 3.4.1　不动流速

为了更确切地了解不动流速的物理意义及其与前边刚刚讨论过的起动流速间的关系，可以设想一下水槽试验的情况。当水槽中的流速很小时，床面泥沙保持静止状态。当逐渐增加流速后，就会发现，在时间平均流速达到某个临界值时，床面泥沙仍然不动，而当时间平均流速超过这个数值后，床面上就有个别沙粒发生移动，这个临界值就是泥沙的不动流速。因此可以概括地说，泥沙不动流速是床面沙粒尚不能被水流冲动时的最大时间平均流速。如果水槽中的流速超过不动流速这一临界值而继续加大时，又可以看到第二个临界状态，在后边这个临界流速作用下，床面上经常有少量颗粒移动，这个临界流速的时间平均值，就是前节中提到的起动流速。由此可见，泥沙起动过程中有两个临界流速，不动流速是第一临界流速(用 $\overline{v_{1k}}$ 表示)，起动流速是第二临界流速(用 $\overline{v_{2k}}$ 表示)。

前节中曾经提到，当时间平均流速等于起动流速 $\overline{v_{2k}}$ 时，在出现较大脉动流速的地方(即出现 $v' = 2\overline{|v'|}$ 的地方)，水流瞬时作用力将超过保持颗粒稳定的力，而使颗粒起动。不难理解，当时间平均流速等于不动流速 $\overline{v_{1k}}$ 时，即使出现最大脉动流速，水流的瞬时作用力也不能促使床面颗粒移动。如果把理论上出现概率小于 6‰ 的脉动流速当作实际上可能出现的最大脉动流速，即认为 $v_{max} = 3\overline{|v'|}$，则可以写出

$$v_{d,k} \geqslant \overline{v_{d,1k}} + 3\overline{|v'_{d,1k}|} \tag{3-41}$$

将式(3-33)代入式(3-41)并令

$$M_{max} = 1 + \frac{2.4}{\eta C_0}\left[1 + \frac{6\left(1 - \dfrac{\Delta}{2H}\right)^2}{1 + \sqrt{1 + 25\dfrac{\Delta}{H}\left(1 - \dfrac{\Delta}{2H}\right)^2}}\right] \tag{3-42}$$

则式(3-41)之等式可以写作

$$v_{d,k} = \overline{v_{d,1k}}M_{max} \tag{3-43}$$

将式(3-29)代入上式，则有

$$\overline{v_{d,1k}} = \frac{2.24}{M_{\max}} \sqrt{\frac{\rho_s - \rho}{\rho} gd + 0.19\left(\frac{\varepsilon_k + gH\delta}{d}\right)} \tag{3-44}$$

或

$$\overline{v_{cp,1k}} = \frac{2.24}{\eta M_{\max}} \sqrt{\frac{\rho_s - \rho}{\rho} gd + 0.19\left(\frac{\varepsilon_k + gH\delta}{d}\right)} \tag{3-45}$$

如果将式(3-34)代入式(3-43)，则可求得第一临界流速(不动流速)与第二临界流速(起动流速)之间的关系：

$$\overline{v_{d,1k}} = \frac{M}{M_{\max}} \overline{v_{d,2k}} \tag{3-46}$$

$$\overline{v_{cp,1k}} = \frac{M}{M_{\max}} \overline{v_{cp,2k}} \tag{3-47}$$

为了便于计算不动流速，在图 3-13、图 3-14 和图 3-15 中，根据相应公式，分别绘制了参数 $M_{\max}$、$\eta M_{\max}$ 和比值 $\dfrac{M}{M_{\max}}$ 的变化曲线。

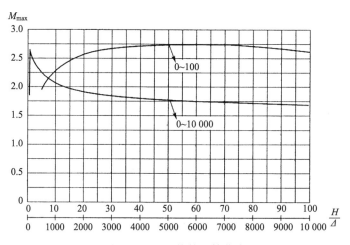

图 3-13　$M_{\max}$ 值的计算曲线

顺便指出，目前文献中有关不动流速与起动流速间的比值，一般都是根据试验资料估计的，并取其为常值。例如，岗恰洛夫认为不动流速与起动流速之比值为 0.71；沙莫夫认为此比值为 0.834；克诺罗兹认为此比值为 0.9。从图 3-15 中可以看到,理论公式(3-47)所给出的不动流速与起动流速之比值变化于 0.785～0.875 之间，基本上概括了上述各家学者提出的数值。

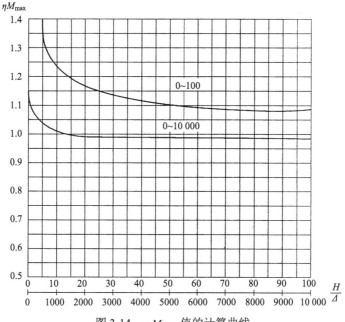

图 3-14　$\eta M_{\max}$ 值的计算曲线

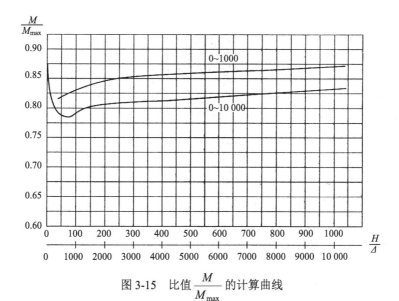

图 3-15　比值 $\dfrac{M}{M_{\max}}$ 的计算曲线

### 3.4.2　止动流速

在文献中常常提到止动流速这一概念，在具体分析这一概念之前，再设想一下水槽中发生的情况。这次不是讨论泥沙从静止到运动的临界状态，而是讨论泥沙从运动到静止的临界状态，在槽底有较多数量泥沙运动的条件下，逐渐降低水流流速，随着流速的降低，泥沙的运移数量逐渐减少，当时间平均流速达到某一数值后，运动着的泥沙完全停止运动。这一临界流速通常称作止动流速，因此止动流速是就运动着的泥沙开始完全停止运动时的时间平均流速而言，由此可见，前边提到的不动流速是表示泥沙由静止到运动的临界流速，而止动流速则是表示泥沙由运动到静止(停止运动)的临界流速。

水槽试验表明，细颗粒泥沙发生比较强烈的运动后，流速再降低到不动流速时，泥沙颗粒往往并不能完全停止运动，而为了完全停止运动还需要降低流速，当在水槽中观察粗颗粒泥沙的止动过程时，又会发现，当流速降低到不动流速后，颗粒就完全停止运动。上述情况表明，对细颗粒泥沙来说，止动流速小于不动流速；而对于粗颗粒泥沙来说，不动流速与止动流速基本上相等。

究竟为什么细颗粒泥沙的止动流速要比其第一临界起动流速(即不动流速)小一些，这是一个值得深入分析的问题。在文献中常见的解释，认为泥沙起动后由于受到惯性的影响，使得颗粒在较低的流速作用下仍可继续保持运动。这种解释初看起来并没有什么值得怀疑的地方，然而当深入了解泥沙运动形态之后，就会发现，这种解释与实际情况有一定的出入。可以指出，泥沙在运动过程中不是长期地脱离床底运动，而是与床面泥沙保持着一定的交换关系，在水流作用下，从床面起动的泥沙走过一段距离后沉于床底，并在床面上停留一定时间后才又起动。由此可见，泥沙颗粒并不是做连续运动，而是做间歇运动。如果水流流速已经小到这种程度，以至于刚刚停于床面的泥沙不能再起动的话，经过一段不长的时间后，曾经运动的泥沙颗粒在小于其不动流速的条件下继续运动。

比较符合实际情况的解释只能从泥沙颗粒的受力条件中去分析。在 3.2 节中曾经指出，保持泥沙颗粒稳定的力有颗粒的自重、黏结力和水的下压力，黏结力和下压力只有当颗粒与床面颗粒紧密相接的时候，才能具有较大数值。由于颗粒在床面上的沉实过程，需要在较长时间内才能完成，因而刚刚停下来的颗粒，并不一定受到作用于一般床面泥沙颗粒的黏结力和下压力。换句话说，刚停下的颗粒可能不受黏结力和下压力的作用或很少受这两力的作用。因此，对于这样的颗粒来说，保持其稳定的力只是重力或者主要是重力，黏结力和下压力的大小与颗粒在床面上停留的时间有关。对极其微细的黏土颗粒来说，沉实过程往往需要数十天或数百天的时间才能完成；对一般淤泥质颗粒来说，沉实过程也需要有数十小时至数天的时间才能完成；对较粗颗粒泥沙来说，沉实过程是很快的，然而对这些较粗颗粒来说，黏结力和下压力并不是保持颗粒稳定的重要因素。

上述表明，刚刚停于床面上的泥沙颗粒，不论其粒径粗细，保持颗粒稳定的力都只是其重量。因而对刚刚停下的颗粒来说，当流速小于不动流速后，仍能起动。上述受力情况说明在讨论刚刚停下的颗粒不再起动的条件时，只需考虑水流作用力(正面推力和上举力)和颗粒在水中的自重。如果用 $\overline{v_{k0}}$ 表示止动流速,则经过与 3.3 节相类似的推导过程,可以得到如下的止动流速公式:

$$\overline{v_{d,k0}} = \frac{2.24}{M_{\max}}\sqrt{\frac{\rho_s - \rho}{\rho}gd} \tag{3-48}$$

和

$$\overline{v_{cp,k0}} = \frac{2.24}{\eta M_{\max}}\sqrt{\frac{\rho_s - \rho}{\rho}gd} \tag{3-49}$$

如果将此两式分别与不动流速公式(3-44)和式(3-45)加以比较就会看到,止动流速公式与不动流速公式的差别仅在于止动流速公式中少了考虑黏结力和下压力的项。因而可以看到,对较粗颗粒泥沙($d>1.0$ mm)来说,不动流速与止动流速基本上一致,而对细颗粒泥沙来说,则有显著差别,这种差别随着颗粒的减小而增加,这与前边提到的观察结果是一致的。然而应当指出,由于流速减小,起动概率也随着减小,停下的颗粒在床面上停留的时间也往往延长,这使得颗粒间开始产生黏结力和下压力。因而有时当流速还大于公式(3-48)和式(3-49)所给出的数值时,运动着的微细颗粒泥沙就已完全停止运动。

**例 3-2** 试求例 3-1 条件下的不动流速和止动流速。

**解** 由例 3-1 中知道,瞬时起动流速 $v_{d,k} = 17.2$ cm/s,从图 3-14 中查得 $\eta M_{\max} = 1.03$,由式(3-45)可知,不动流速 $v_{cp,1k} = 16.7$ cm/s。由公式(3-49)可以求得止动流速 $v_{cp,k0} = 12.4$ cm/s。

## 3.5 关于层流边界层的影响问题

试验表明,粗颗粒泥沙(例如 $d>1.0$ mm)的起动流速与粒径的平方根成正比,即符合艾里定律,而细颗粒泥沙的起动流速却不能用这样的简单关系来概括。由于细颗粒泥沙的起动条件与粗颗粒泥沙不尽相同,许多学者认为河底层流边界层的存在及其影响是造成这种分歧的根本原因。因而这些学者力图通过考虑层流边界层的影响来建立适合于细颗粒泥沙的起动流速公式。

首先提出层流边界层对泥沙起动有显著影响的是希尔兹[48]。这位学者认为,比值 $\dfrac{v_*^2}{\dfrac{\rho_s - \rho}{\rho}gd}$(以下简称为比值 $a$)是泥沙粒径与层流边界层厚度的比值 $\dfrac{d}{\delta}$ 的函数。由于边界层的厚度 $\delta$ 根据普朗特和尼古拉兹的研究可以写作 $\delta = 11.6\dfrac{v}{v_*}$,因

而上述比值又可写作 $\dfrac{v_* d}{v}$（即粒径雷诺数）的函数。希尔兹曾把试验资料点绘于以

$\dfrac{v_*^2}{\dfrac{\rho_s - \rho}{\rho} gd}$ 为纵坐标，以 $\dfrac{v_* d}{v}$ 为横坐标的图中（图 3-16）。从图中可以看到，当雷诺

数较大时，比值 $a$ 保持为一常值，随着雷诺数的减小，比值 $a$ 也有所降低，当

$\dfrac{v_* d}{v} \approx 11.6$ 时（即 $\dfrac{d}{\delta} \approx 1$ 时），比值 $a$ 最小。顺便指出，希尔兹在绘制这条关系曲线

时，并没有严密论证为什么比值 $a$ 与边界层的厚度有关。然而由于这条曲线是根据试验资料绘制的，并与尼古拉兹管道阻力曲线相类似，因而得到了不少学者的信任并获得了广泛的传播，在许多有关专著中（例如文献[17]、[49]、[50]等）都对希尔兹曲线做了介绍。然而应当指出，希尔兹引用的试验资料并不能充分说明比值 $a$ 与雷诺数间的单值关系，因为在试验资料中，水的黏滞系数的变化范围很小，实际上接近于一常值。因此试验资料只是证实了比值 $a$ 与 $v_* d$ 间的关系。由于 $v_* d$ 又是 $d$ 的函数，因而从试验资料中能够得到的肯定结论只是比值 $a$ 与粒径 $d$ 有关。同时也应当指出，虽然在许多著作中对希尔兹的分析成果都有所介绍，然而却没有能够提出直接的论证。看来，希尔兹曲线在很长时间内没有引起苏联学者重视的原因，正是在于这一分析成果缺乏足够的理论根据。

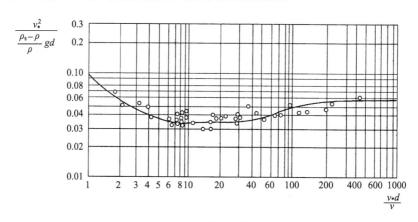

图 3-16 希尔兹曲线

叶吉阿扎罗夫试图从理论上说明希尔兹分析成果的合理性并给出相应的计算公式[51]。这一论述引起了苏联及其他国家学者的重视，因此有必要对这一工作进行较为详细的介绍和分析。

叶吉阿扎罗夫也同前述许多学者一样，认为作用于颗粒的力有水流正面推力 $F_x$、上举力 $F_y$ 和摩擦力。作用于球体的正面推力按照式(3-1)的形式可以写作

$$F_x = \lambda_x \frac{\pi}{4} d^2 \frac{\rho v_d^2}{2} \tag{3-50}$$

如果用 $\eta$ 表示底流速与平均流速之比值，即 $\eta = \dfrac{v_d}{v_{cp}}$ ，则上式又可写作

$$F_x = \lambda_x \frac{\pi}{4} d^2 \eta^2 \frac{\rho v_{cp}^2}{2}$$

按照上述形式可以写出上举力为

$$F_y = \lambda_y \frac{\pi}{4} d^2 \eta^2 \frac{\rho v_{cp}^2}{2} \tag{3-51}$$

颗粒在水中的自重为

$$G = (\rho_s - \rho) g \frac{\pi}{6} d^3 \tag{3-52}$$

如果用 $f$ 表示颗粒间的摩擦系数，则球体颗粒不发生滑动的极限平衡条件为

$$F_x = f(G - F_y) \tag{3-53}$$

考虑到水力学中存在的平均流速与切应力间的关系

$$v_{cp}^2 = \frac{2\gamma HJ}{\rho\lambda} \tag{3-54}$$

式中：$J$——水力坡度；

　　　$\lambda$——阻力系数。

将式(3-50)~式(3-52)代入式(3-53)后可以写出

$$\frac{\gamma HJ}{(\rho_s - \rho)gd} = \frac{2}{3} \frac{f}{1 + f(\lambda_y / \lambda_x)} \frac{\lambda}{\lambda_x \eta^2} \tag{3-55}$$

叶吉阿扎罗夫认为 $\lambda_y$ 相比于 $\lambda_x$ 较小，可以忽略不计。如果仍同前边一样用 $a$ 来表示上式等号左边的比值，则上式可以写作

$$a = \frac{2f}{3} \frac{\lambda}{\lambda_x \eta^2} \tag{3-56}$$

其中阻力系数 $\lambda$ 在层流区及光滑区可以根据雷诺数由尼古拉兹曲线来确定，在阻力平方区内则只与相对糙率有关。

叶吉阿扎罗夫认为绕流阻力系数 $\lambda_x$ 可以根据颗粒沉降阻力系数来确定，而底流速与平均流速的比值在层流区和阻力平方区为常数，而在其他区与雷诺数有关。摩擦系数只与颗粒表面形状有关，对泥沙颗粒来说可以取 $f = 0.6 \sim 0.8$。这样可以看到，在阻力平方区内式(3-56)中的比值 $a$(叶吉阿扎罗夫称作"动床阻力系数")与雷诺数无关，为一常数。在层流区时，由于流速按抛物线规律分布，因而可以

近似地认为距离河底 $\dfrac{d}{2}$ 点的流速与平均流速之比为

$$\eta = \frac{v_d}{v_{cp}} \approx \frac{3d}{2H}$$

式中：$v_d \approx \dfrac{gJd}{2\nu}$；$v_{cp} = \dfrac{gJ}{3\nu}H^2$。

另一方面，绕流阻力系数按照斯托克斯公式有

$$\lambda_x = \frac{24}{Re_d} = \frac{24}{\dfrac{v_d d}{\nu}}$$

河流阻力系数处于层流区时有

$$\lambda = \frac{4}{Re_H} = \frac{4}{\dfrac{v_{cp}H}{\nu}}$$

将上述各值代入式 (3-56) 并取 $f=0.8$，可得层流区的 $a$ 值如下：

$$a = \frac{2 \times 0.8}{3} \frac{\dfrac{4\nu}{v_{cp}H}}{\dfrac{24\nu}{v_d d}\left(\dfrac{3d}{2H}\right)^2} = \frac{2}{3} \cdot 0.8 \cdot \frac{1}{9} = 0.059 = \text{const}$$

在光滑区和过渡区时，根据一般概念可以认为 $\dfrac{\lambda}{\lambda_x \eta}$ 是雷诺数 $\dfrac{v_* d}{\nu}$ 的函数，因而叶吉阿扎罗夫得出如图 3-17 所示的 $a$ 值变化曲线，图中还绘制了各家学者的试验数据。

然而应当指出，绕流阻力系数 $\lambda_x$ 虽然在定性方面与球体沉降阻力系数的变化规律一致，但用其来确定 $\lambda_x$ 的具体变化数值是没有足够根据的，因为床面绕流情况远比球体自由沉降时的绕流情况复杂。列维认为在讨论均匀稳定流时，可以根据河床表面切应力来确定 $\lambda_x$ 值[52]。

当然，这在讨论水流对床面颗粒的平均作用力时无疑是正确的。由于在任何流态下，水体在水流方向上的重力分力都与河床表面阻力相等，因而在任何流态下都可以写出

$$F_x = \alpha_2 d^2 \gamma HJ = \alpha_2 d^2 \rho v_*^2 \tag{3-57}$$

式中：$\alpha_2$ 对球体来说等于 $\dfrac{\pi}{4}$。将式 (3-50) 代入式 (3-57) 化简后可以写出

$$\lambda_x = \frac{2\rho v_*^2}{\rho v_d^2} = 2\frac{v_*^2}{v_d^2} = 2\frac{v_*^2}{v_{cp}^2}\frac{v_{cp}^2}{v_d^2} = 2\frac{\lambda}{2\eta^2} = \frac{\lambda}{\eta^2} \tag{3-58}$$

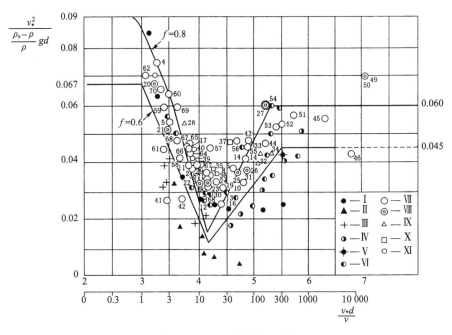

图 3-17　叶吉阿扎罗夫曲线

其中 $v_{cp}$ 用式(3-54)代入。

将式(3-58)代入式(3-56)后得

$$a = \frac{2f}{3} \approx 0.533 = \text{const} \tag{3-59}$$

这样，所得到的 $a$ 值无论在何种流态下都不是雷诺数的函数，而是一常数。因而与叶吉阿扎罗夫得到的结果相反。

顺便指出，当忽略上举力而只考虑水流对床面颗粒的平均正面推力和由颗粒自重而引起的摩擦阻力时，不需要经过上述推演就可以得出 $a$ 值为常数的结论。很明显，在各种流态条件下，作用于床面颗粒的正面推力，可以由河底切应力来确定，即由式(3-57)来确定。因此在各种流态条件下，当只考虑前述两力时，可以写出

$$\alpha_2 d^2 \rho v_*^2 = f(\gamma_s - \gamma)\alpha_1 d^3 \tag{3-60}$$

对于球体 $\alpha_1 = \dfrac{\pi}{6}$，由此可以得到 $a$ 值如下：

$$a = \frac{v_*^2}{\left(\dfrac{\rho_s - \rho}{\rho}\right)gd} = \frac{\alpha_1 f}{\alpha_2} = 0.533 \tag{3-61}$$

正如前边指出的那样，上述论述只是从颗粒的平均受力情况出发，并没有仔细讨论直接作用于具体颗粒的正面推力，因而是不够严密的。

虽然前述表明叶吉阿扎罗夫在忽略上举力条件下所作的关于 $a$ 值与雷诺数有关的论证不能成立，但却没有说明如果考虑上举力时是否可以得出 $a$ 值与雷诺数有关的结论。为了说明这个问题，需要作如下讨论。

设作用于泥沙颗粒上的上举力 $F_y$ 可由下式表述：

$$F_y = \lambda_y \alpha_3 d^2 \frac{\rho v_d^2}{2}$$

或者

$$F_y = \lambda_y \alpha_3 d^2 \eta_*^2 \frac{\rho v_*^2}{2} \tag{3-62}$$

式中：$\eta_* = \dfrac{v_d}{v_*}$，$\alpha_3$ 对于球体亦为 $\dfrac{\pi}{4}$。

滑动的极限平衡条件可以写作

$$\alpha_2 d^2 \rho v_*^2 = f\left[ (\gamma_s - \gamma)\alpha_1 d^3 - \lambda_y \alpha_3 d^2 \eta_*^2 \frac{\rho v_*^2}{2} \right]$$

由此可以得到

$$\frac{v_*^2}{\frac{\rho_s - \rho}{\rho} gd} = \frac{f\alpha_1}{\alpha_2 + \frac{\alpha_3}{2} f\lambda_y \eta_*^2} \tag{3-63}$$

从这个公式中可以看到，在非阻力平方区内，阻力系数 $\lambda_y$ 和流速比值 $\eta_*$ 都是雷诺数的函数。应当指出，由于在光滑、过渡等区内阻力系数 $\lambda_y$ 的变化规律和流速分布规律都还没有得到解决，要想从理论上严格说明公式(3-63)中的 $\lambda_y \eta_*^2$ 是否随着雷诺数而改变是不可能的。但可以指出，目前认为比值 $a$ 与雷诺数有关的学者，一般都认为 $\lambda_y$ 的变化规律在性质上与颗粒在静止液体中的沉降阻力系数一致。光滑区的流速分布符合卡门-坎鲁根的对数公式，而在边界层以内的流速则沿直线分布。如果接受这些条件，则对处于层流区的细颗粒泥沙($d \leqslant 0.1$ mm)的上举力系数可以写作

$$\lambda_y = \frac{K}{Re} = \frac{K}{\frac{v_d d}{v}} \tag{3-64}$$

式中：$K$ 为一系数。

卡门-坎鲁根的光滑区流速分布公式具有如下形式：

$$v = 5.75v_* \lg 9.05 \frac{v_* y}{v} \qquad (3\text{-}65)$$

此处的 $y$ 为距底的距离。由于层流边界层的厚度 $\delta = 11.6\dfrac{v}{v_*}$，因而边界层顶部的

流速 $v_\delta$ 根据上式应为 $v_\delta = 11.6v_*$。由于边界层内的流速分布按直线变化(图 3-18)，

因而距底为 $d$ 点的流速为

$$v_d = \frac{v_*^2 d}{v} \qquad (3\text{-}66)$$

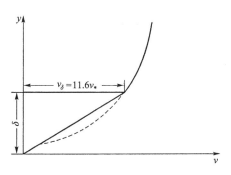

图 3-18 边界层示意图

如将式(3-66)代入式(3-64)则有

$$\lambda_y = \frac{K}{\dfrac{v_*^2 d^2}{v^2}} \qquad (3\text{-}67)$$

而由式(3-66)知

$$\eta_* = \frac{v_* d}{v} \qquad (3\text{-}68)$$

由此可得光滑区的 $\lambda_y \eta_*^2$ 值如下：

$$\lambda_y \eta_*^2 = K \qquad (3\text{-}69)$$

上式说明，即使是在光滑区，也可近似证明比值 $a$ 不是雷诺数的函数，而仍是一常值。

上边是从理论上讨论了 $a$ 值是否应与雷诺数有关的问题。讨论结果表明，尽管希尔兹的论点获得了广泛传播，却无法从理论上直接论证这种观点的合理性。同时也应当指出，希尔兹论点也并未得到试验上的充分证实。虽然这位学者根据试验资料绘制了如图 3-16 的曲线，但由于所引用的资料都是在水流条件下测得的，液体的黏滞系数变化很小，实际上接近于常值，因而图 3-16 中的横坐标实际

上只是粒径的函数，该图只是表明 $a$ 值与粒径 $d$ 的关系，至于认为 $a$ 值同时与 $d$ 和 $v$ 有关，只不过是一种没有资料根据的推测。为了说明 $a$ 值确实是粒径雷诺数的函数，必须利用黏滞系数远比水大的液体来进行试验。李昌华和孙梅秀[53]用水和比水的黏滞系数大十倍的甘油进行了试验。如果雷诺数确实像希尔兹等所设想的那样影响泥沙的起动，那么水流和甘油流作用下的泥沙起动数据应在 $a = f(Re)$ 的图中组成一条曲线。然而试验结果表明(图 3-19)，甘油和水的点据各组成一条曲线，从而说明比值 $a$ 不是雷诺数的单值函数。这样，试验结果也否定了希尔兹等论点的正确性。

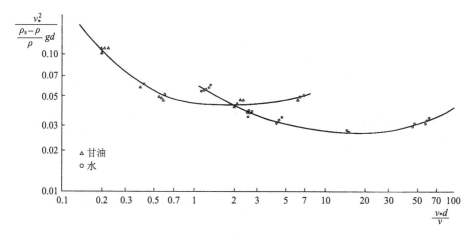

图 3-19　水和甘油作用下的起动试验成果

上述试验结果也说明，认为比值 $a$ 实际上只是粒径的函数的观点，是比较符合实际情况的。关于这一点也可以由公式(3-40)得到说明。将式(3-40)两端平方后，且 $v_* = \dfrac{v_{cp}}{C_0}$，经过简单演化即可写出

$$\frac{v_*^2}{\dfrac{\rho_s - \rho}{\rho} gd} = \left(\frac{2.24}{M\eta C_0}\right)^2 \left(1 + 0.19 \frac{\rho}{\rho_s - \rho} \frac{\varepsilon_k + gH\delta}{gd^2}\right) \tag{3-70}$$

在水深变化不大时，上式右边部分只与粒径有关，因而有

$$\frac{v_*^2}{\dfrac{\rho_s - \rho}{\rho} gd} = f(d)$$

即比值 $a$ 只是粒径的函数。这就不难理解为什么用两种具有显著不同黏滞系数的液体所作的试验，在 $a$ 与 $\dfrac{v_* d}{v}$ 的双对数图中会组成两条曲线。考虑到希尔兹引用

的资料都是用水在水槽中作的，因而可以认为 $\nu \approx 0.01\,\mathrm{cm^2/s}$ ，$H \approx 10\,\mathrm{cm}$，在这种

前提下可以把公式(3-70)绘制在以 $\dfrac{v_*^2}{\dfrac{\rho_\mathrm{s}-\rho}{\rho}gd}$ 和 $\dfrac{v_* d}{\nu}$ 为坐标的图中。图 3-20 中的

虚线系根据公式(3-70)绘制，实线及点据系取自希尔兹原著。从图中可以看到，
公式(3-70)较好地概括了希尔兹的分析结果。在图 3-21 和图 3-22 中分别点绘了李
昌华和孙梅秀用水和甘油测得的泥沙起动流速数据。图中的实线系按照公式
(3-40)绘制。从这两个比较图中可以看到，水的点据与公式基本一致。虽然甘油
点据较计算值有系统偏高，但偏离并不是很大，一般均在 15% 以内，即在测量起
动流速的精确度之内。由此可见，当黏滞系数较水大十倍时，上述公式仍能较好
地反映实际情况，因而在计算一般水流作用下的泥沙起动流速时，可以不考虑黏
滞系数变化的影响。

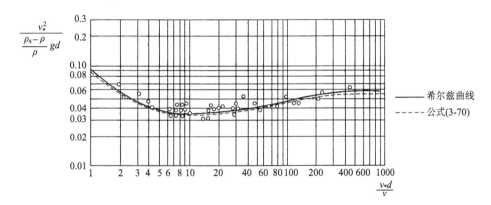

图 3-20  公式(3-70)与希尔兹曲线的比较

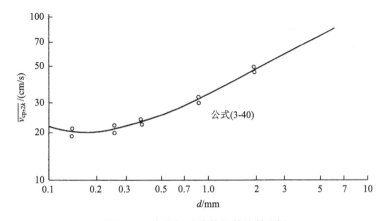

图 3-21  公式与试验数据的比较(水)

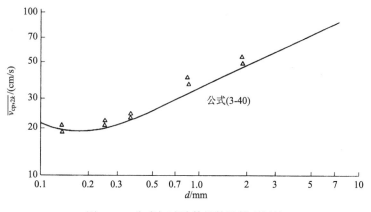

图 3-22　公式与试验数据的比较(甘油)

# 3.6　不均匀泥沙的起动流速

在前几节中我们讨论了泥沙的起动问题，获得了起动流速与粒径间的函数关系。然而这些关系式只能直接应用于均匀泥沙或者比较均匀的泥沙，对于粒径变化范围广泛的泥沙来说，直接应用前边几节中的关系式是有困难的。

为了寻求不均匀泥沙的代表粒径，以便应用前述均匀泥沙的研究成果，在文献中提出了不少建议。然而对于这些建议还缺少必要的理论分析和试验论证，给具体应用造成很大困难。从许多有关代表粒径的建议中，获得较为广泛应用的有三种：加权平均粒径 $d_{cp}$、中值粒径 $d_{50}$ 和"当量粒径" $d_{65}$。在 1.1 节中已经提过，加权平均粒径的定义为 $d_{cp} = \dfrac{\sum\limits_{i=1}^{n} d_i p_i}{100}$，其中 $p_i$ 为泥沙组成中相应粒径 $d_i$ 所占的百分数。中值粒径是指级配中有 50% 的泥沙(按质量计)均比 $d_{cp}$ 小的直径，$d_{65}$ 是指级配中有 65% 的泥沙均比 $d_{cp}$ 小的直径。目前在我国比较通用的是中值粒径，在苏联通用的是加权平均粒径，但在某些著作中也常常采用 $d_{65}$。究竟采用哪种代表粒径来确定不均匀泥沙的起动流速更为合适，难于作出简单的答复。为了明确这个问题，需要根据泥沙起动的具体情况进行分析。

水槽试验表明，不均匀泥沙的起动现象是比较复杂的。各种粒径的泥沙颗粒在起动过程中互相影响、互相制约，致使易动的泥沙颗粒由于受到不易起动的泥沙颗粒的掩护而难以起动；难以起动的颗粒由于有易动颗粒的存在而变得易于起动。先以 0.1～0.2 mm 以上颗粒泥沙的起动为例。如果知道粒径为 0.2 mm 的细沙颗粒在水槽断面平均流速达到 19～22 cm/s 时就将起动，那么当床沙组成中较粗颗粒占有一定数量时，在上述流速作用下往往看不到这些细沙颗粒的起动。只是当流速大于上述数值后，才可能看到个别细沙颗粒由于没有很好受到粗颗粒的掩护而起动，随着时间的延续，这些起动的颗粒中的大部分颗粒，在移动过程中慢慢被粗颗粒泥沙掩护起来而停止移动，少部分颗粒被水流带到槽外。因而经过一段时间后，水槽中又看不到泥沙的起动现象。只有当水流流速继续增加，并达到另一个临界值后，才可以看到床面各种粒径泥沙的起动。试验表明，这个临界流速远远小于床沙组成中最粗颗粒在均匀沙中所需的起动流速。不均匀沙中粗颗粒泥沙的易于起动主要是由于：

(1)它突出于床面，受力较强；

(2)由于其他颗粒较细，运动时所受的阻力较小；

(3)其他细颗粒起动后使粗颗粒孤立而减小了稳定程度。

现在再来讨论床沙中含有微细颗粒的情况。从前述已知，当粒径小于 0.1 mm 后，由于黏结力等力的影响，泥沙颗粒越细越不容易起动。当床沙中含有这种颗粒时，床沙的稳定程度将相应增加，因而将难以起动。如果在床沙中有 0.05～0.1 mm 的细沙颗粒，也有更小的黏土颗粒，那么当流速达到细沙颗粒在均匀沙中的起动流速后，往往看不到这些颗粒的起动，只有极其个别的细沙颗粒由于没有受到黏土颗粒的影响而发生移动。但是，当这些颗粒被水流带走后，床面上就不再有颗粒起动。这种不均匀泥沙的真正起动，只有在较大的流速作用下才能发生。试验表明，不均匀泥沙的起动流速要比单一细微颗粒的起动流速小一些。这是由于较粗颗粒的存在减小了泥沙颗粒间的黏结力，并使水流对颗粒的作用力加强。

前边讨论了含有粗颗粒和微细颗粒的不均匀泥沙的起动问题。可以指出，由各种粒径组成的混合泥沙的起动情况也与前述两例相类似，各种粒径泥沙的相互制约和相互影响，使得不均匀泥沙的起动流速与其机械组成有很大关系。大连理工大学对不均匀沙的试验表明，尽管不均匀沙粒径的上下限和中值粒径相同，但由于机械组成不同，其起动流速(以断面平均流速表示)还是有显著差别的[44]。为了确切反映不均匀沙中各种粒径颗粒间的相互制约和相互影响，从而得出不均匀沙的起动流速，需要考虑各种粒径泥沙的稳定程度。然而应当指出，在泥沙机械组成中含有极少量的粗颗粒泥沙或极少量细颗粒泥沙时，由于其数量较小，它不能显著改变全部泥沙的稳定状况，因而在推求不均匀泥沙的起动流速时，这些数量很少的泥沙对整个不均匀沙的影响可以忽略不计。在实际计算时，可以认为泥沙组成中 $d_{90}$ 以上的粒径和 $d_{10}$ 以下的粒径不起作用。由于起动流速全面地反映了各种粒径泥沙在水流中的稳定程度，因而不均匀泥沙的相对稳定程度，即其瞬时临界起动流速可以近似地由下式来确定：

$$v_{d,k} = \frac{\sum\limits_{i=10}^{90} v_{d,ki} p_i}{80} \tag{3-71}$$

式中： $v_{d,k}$ ——不均匀泥沙发生起动时的瞬时底流速；

$v_{d,ki}$ ——相应于粒径为 $d_i$ 的瞬时起动底流速，其值由公式 (3-29) 来确定；

$p_i$ ——粒径为 $d_i$ 的泥沙在不均匀泥沙的机械组成中占有的百分数。

根据上式，可以写出确定不均匀泥沙的时间平均起动流速的关系式如下：

$$\overline{v_{d,2k}} = \frac{1}{M} \frac{\sum\limits_{i=10}^{90} v_{d,ki} p_i}{80} \tag{3-72}$$

$$\overline{v_{cp,2k}} = \frac{1}{M\eta} \frac{\sum\limits_{i=10}^{90} v_{d,ki} p_i}{80} \tag{3-73}$$

不均匀泥沙的不动流速，即第一临界流速，应按下式计算：

$$\overline{v_{d,1k}} = \frac{1}{M_{max}} \frac{\sum\limits_{i=10}^{90} v_{d,ki} p_i}{80} \tag{3-74}$$

$$\overline{v_{cp,1k}} = \frac{1}{\eta M_{max}} \frac{\sum\limits_{i=10}^{90} v_{d,ki} p_i}{80} \tag{3-75}$$

上述式中 $\eta$、$M$ 和 $M_{max}$ 需要根据实际相对糙率 $\dfrac{\Delta}{H}$ 值由相应的曲线图或公式求得。在没有相对糙率的实测数据时，其绝对糙率 $\Delta$ 可以按照类似岗恰洛夫的建议取

$$\Delta = d_{90} \tag{3-76}$$

此处 $d_{90}$ 是泥沙组成中有 90% 的泥沙较 $d_{cp}$ 小的粒径。

不均匀沙的粒径特征值列于表 3-6，在表 3-7 中列举了某些不均匀泥沙的实测起动流速数值和根据公式 (3-73) 求得的计算值。

**表 3-6　不均匀沙的粒径特征值**

| 序号 | 中值 $d_{50}$/mm | $d_{65}$/mm | $d_{95}$/mm | 加权平均 $d_{cp}$/mm | 试验人 |
|------|------|------|------|------|------|
| 1 | 3.0 | 3.4 | 7.3 | 3.54 | 侯穆堂等[44] |
| 2 | 3.0 | 8.6 | 14.5 | 5.76 | |
| 3 | 0.53 | 0.61 | 1.63 | 0.78 | 克拉米[39] |
| 4 | 0.51 | 0.56 | 1.10 | 0.57 | |
| 5 | 0.030 | 0.043 | 0.086 | 0.037 | 窦国仁 |
| 6 | 0.004 | 0.0072 | 0.050 | 0.0125 | |

表 3-7　不均匀泥沙起动流速计算值与实测值比较

| 序号 | 不均匀泥沙的起动流速/(cm/s) | | | | | 备注 |
|---|---|---|---|---|---|---|
| | 根据 $d_{50}$ 求得 | 根据 $d_{65}$ 求得 | 根据 $d_{cp}$ 求得 | 根据公式 (3-73) 求得 | 实测值 | |
| 1 | 50.0 | 54.0 | 54.3 | 51.0 | 45.2～50.6 | 表中左边第 2～4 列中的起动流速值系根据各粒径特征值由公式 (3-40) 算得 |
| 2 | 50.0 | 84.5 | 69.3 | 59.8 | 54.8～63.7 | |
| 3 | 26.0 | 27.2 | 30.2 | 26.3 | 22.1～33.7 | |
| 4 | 25.5 | 26.1 | 26.2 | 25.7 | 23.8～30.3 | |
| 5 | 34.9 | 29.8 | 32.0 | 36.8 | 32.0～39.0 | |
| 6 | 93.5 | 71.0 | 54.5 | 90.0 | 86.0～105 | |

　　在讨论了不均匀泥沙中各种颗粒的存在对其起动流速的影响后，可以对有关代表粒径作一些分析。不难理解，加权平均粒径的出发点在于着重考虑粗颗粒泥沙的作用。如果各种颗粒的稳定程度主要取决于颗粒的自重，换句话说，如果颗粒越大其稳定程度越大，颗粒越小其稳定程度越小，则加权平均粒径在确定泥沙起动方面可以认为有代表性。然而微细颗粒的稳定并不只取决于其本身的重量而主要取决于颗粒间的黏结力，前边已经提过，颗粒越细其黏结力影响越大。因而加权平均粒径的概念在分析由粗颗粒组成的混合沙时，才具有一定意义。如果泥沙中含有较多微细颗粒时，加权平均粒径在分析起动流速问题上已不具有代表性。在分析粗颗粒的起动问题时，加权平均粒径所反映的因素与式(3-71)相类似。因为对粗颗粒泥沙来说，临界瞬时流速 $v_{d,k}$ 可以写作 $v_{d,k}\sim\sqrt{d}$ ，所以式(3-71)具有下述形式：

$$\sqrt{d_{代}}=\frac{\sum_{i=10}^{90}\sqrt{d_i p_i}}{80}$$

即与加权平均粒径的求法相近。

　　对一般天然不均匀泥沙来说，加权平均粒径往往大于其中值粒径，约相当于 $d_{55}\sim d_{70}$。从这个意义来说，$d_{65}$ 是与 $d_{cp}$ 相近的；然而 $d_{cp}$ 能够更加全面地反映粗颗粒混合泥沙的机械组成。$d_{50}$ 与 $d_{65}$ 具有相似的缺点，这个特征值虽然反映了机械组成中有一半泥沙大于此粒径和有一半泥沙小于此粒径，但对于这两部分泥沙中的具体机械组成情况是没有任何反映的。然而应当指出，由于天然混合沙的级配曲线一般都是渐变的，并且其中值粒径以上和以下两部分曲线的形状相近，根据 $d_{50}$ 求得的起动流速数值与根据公式(3-73)算得的数值就比较接近。因而在上述条件下可以用 $d_{50}$ 来计算不均匀泥沙的起动流速。然而对于那些级配曲线变化迅速的混合泥沙来说，$d_{50}$ 的代表意义就较差，因而需要根据式(3-73)来计算。从

表 3-7 中可以看到,在一般情况下根据 $d_{50}$ 算得的起动流速数值与实测值是一致的。但第二组泥沙,由于其级配曲线曾两度发生突变,根据 $d_{50}$ 算得的结果,就与实测数据有较大差别。根据 $d_{cp}$ 计算粗颗粒泥沙的起动时,只在数量上稍有偏大,但在计算细颗粒泥沙的起动条件时计算结果与实测情况完全不符。

**例 3-3**　已知不均匀沙的级配组成如下:

| 泥沙粒径 $d$/mm | <0.1 | 0.1~0.2 | 0.2~0.5 | 0.5~1.0 | 1.0~2.0 | >2.0 |
|---|---|---|---|---|---|---|
| 所占百分数 $p_i$/% | 10 | 10 | 20 | 40 | 10 | 10 |

试求其在水深 10 cm 下的起动流速。

**解**　由于大于 2.0 mm 和小于 0.1 mm 的只各占 10%,故可不予考虑。先求出其余各组泥沙的平均粒径,然后由图 3-12 查出各相应的瞬时起动流速(见下表),再乘以相应的百分数并相加再除以 80,即可得出不均匀沙起动时的瞬时底流速

$$v_d = \frac{\sum_{i=10}^{90} v_{d,ki} p_i}{80} = \frac{37\times10 + 25.5\times20 + 19\times40 + 17.1\times10}{80} = 22.6 \text{ cm/s}$$

| 泥沙粒径 $d_i$/mm | 1.5 | 0.75 | 0.35 | 0.15 |
|---|---|---|---|---|
| $v_{d,k}$/(cm/s) | 37 | 25.5 | 19 | 17.1 |

河底糙率按 $\Delta = d_{90} = 2.0 \text{ mm}$,则 $\dfrac{H}{\Delta} = 50$,由图 3-10 知 $M\eta = 0.852$,从而求得起动流速 $\overline{v_{cp,2k}} = 26.5 \text{ cm/s}$。

## 3.7　黏土的起动流速

在前边几节中讨论的都是一般泥沙的起动流速,但在开挖渠道和修建其他水利工程时,常常需要知道黏土的起动条件。黏土起动流速与泥沙起动流速的主要区别在于对黏结力的考虑方面。在一般泥沙中的黏结力,是泥沙颗粒自由沉实状态下在颗粒间产生的黏结吸力。这个力可以用公式(3-11)予以表示,并且式中的黏结力参数 $\varepsilon$ 保持为一常值。可以指出,细颗粒泥沙在沉降过程中受到许多物理化学因素的影响,在这些因素的影响下,特别是在电离子斥力以及薄膜水抗压效应的影响下,颗粒在短时间内很难密实。不难理解,颗粒间的黏结力与密实程度有很大关系。在未密实之前,颗粒间的真实黏结力要比式(3-11)所表示的力为小。如果颗粒沉积已久,并在外界影响下已显著密实,则这时的黏结力必比式(3-11)所表示的黏结力为大。同时也应当指出,正如在 3.2 节中所提到的那样,影响黏

土黏结力的物理化学因素很多,如土质结构、矿物组成、有机物质种类及其含量、抗水性能、密度、塑性、沉积条件、机械组成等,因而土壤间的真实黏结力很难用一个简单的数学关系式来表示。然而这个力,正如大家所知道的那样,是保持黏土颗粒稳定的主要作用力,其值远远超过颗粒的自重。在估算黏结力时所产生的任何偏差,都将影响到计算土壤起动条件的准确性。因此在讨论黏土起动时,像米尔茨胡拉瓦那样[18],直接考虑土壤间的真实黏结力是很必要的。关于直接采用黏土中的黏结力问题,在 3.2 节中已有所说明。

对黏土起动的直接观察表明,黏土在水流作用下常常不是一粒一粒地起动,而是一块一块地起动。关于这种现象的力学解释在 3.2 节中已经提及。因此在讨论黏土的稳定条件时,常常需要以单元体为讨论对象。如果设 $D$ 为单元体的当量直径,则作用于单元体的各力可以书写如下:

(1)水流的正面推力

$$F_x = \lambda_x \alpha_2 D^2 \frac{\rho v_d^2}{2} \tag{3-77}$$

(2)水流的上举力

$$F_y = \lambda_y \alpha_3 D^2 \frac{\rho v_d^2}{2} \tag{3-78}$$

(3)单元体在水中的重量

$$G = (\rho_s' - \rho) g \alpha_1 D^3 \tag{3-79}$$

(4)单元体间的黏结力

$$c_d = K_p K_d c_c = K_p K_d K_n c_{c,cp} = K_p K_d K_n \alpha_3 D^2 \tau_{c,cp} \tag{3-80}$$

(5)水对单元体的下压力 $(F_{*,d})_a$

$$\left(F_{*,d}\right)_a = K_p K_d \left(F_{*,c}\right)_a = K_p K_d \gamma H \left(\omega_{k,c}\right)_a \tag{3-81}$$

上述式中,$K_n$ 是应力不均匀系数,对结构黏土来说 $K_n = K_1 = \dfrac{1}{4}$;对非结构黏土来说,$K_n = K_2 = \dfrac{1}{3}$(参见公式(3-8)~式(3-10));$(\omega_{k,c})_a$ 是单元体内颗粒在静力滑动条件下的总接触面积在水平面上的投影;$\rho_s'$ 是单元体的容重;其余符号与 3.2 节及 3.3 节相同。

单元体内颗粒间的薄膜水接触面积 $(\omega_{k,c})_a$ 应当等于水平面上各颗粒间接触面积的总和,即

$$\left(\omega_{k,c}\right)_a = n\omega_{k,c}$$

其中的 $n$ 可由下式来确定:

$$n = \frac{\alpha_3 D^2}{\alpha_3 d^2} = \frac{D^2}{d^2}$$

根据上述，可以将式(3-81)改写如下：

$$\left(F_{*,d}\right)_a = K_p K_d n F_{*,c} = K_p K_d n \gamma H \omega_{k,c} \tag{3-82}$$

在上述力的作用下，单元体极限平衡条件假定可以用与式(3-27)相似的方程式来表示

$$F_x l_1 + F_y l_2 = G l_3 + c_d l_4 + \left(F_{*,d}\right)_a l_5 \tag{3-83}$$

将式(3-70)～式(3-80)和式(3-82)代入式(3-83)，经过简单演算，即可得到黏土单元体处于起动状态时的水流瞬时底流速

$$v_{d,k} = \sqrt{\frac{2\alpha_1 l_3}{\alpha_2 l_1 \lambda_x + \alpha_3 l_2 \lambda_y}} \sqrt{\frac{\rho_s' - \rho}{\rho} g D + \frac{K_p K_d}{\alpha_1}\left(\frac{l_4}{l_3}\frac{c_c}{\rho D^2} + \frac{l_5}{l_3}\frac{n F_{*,c}}{\rho D^2}\right)} \tag{3-84}$$

根据本章前几节的叙述可以确定上式中有关各系数之值。将这些系数代入式(3-84)，并考虑到式(3-34)，有

$$\overline{v_{d,2k}} = 2.24 \sqrt{\frac{\rho_s' - \rho}{\rho} g D + \frac{K_n}{8}\frac{\tau_{c,cp}}{\rho} + 0.19\frac{gH\delta}{d}} \tag{3-85}$$

仍同之前一样，利用式(3-34)和式(3-36)来表示起动时的瞬时流速与时间平均流速之间的关系，因而可以写出

$$\overline{v_{d,2k}} = \frac{2.24}{M} \sqrt{\frac{\rho_s' - \rho}{\rho} g D + \frac{K_n}{8}\frac{\tau_{c,cp}}{\rho} + 0.19\frac{gH\delta}{d}} \tag{3-86}$$

$$\overline{v_{cp,2k}} = \frac{2.24}{M\eta} \sqrt{\frac{\rho_s' - \rho}{\rho} g D + \frac{K_n}{8}\frac{\tau_{c,cp}}{\rho} + 0.19\frac{gH\delta}{d}} \tag{3-87}$$

上述式中薄膜水参数 $\delta$ 近似地认为是一常值，仍等于 $0.213 \times 10^{-4}$ cm，其准确数尚有待于进一步研究。

应当指出，单元体的容重一般说来是个难以准确确定的数值，其值约变化于 $2.0 \sim 2.65$ T/m³ 左右，单元体的直径 $D$ 也是一个难以精确求得的数值。根据现有观测资料可知，$D$ 大约变化于 $0.1 \sim 5.0$ mm 之间。在没有精确测量资料的时候，可以近似地认为 $\rho_s' \approx 2.2$ T/m³，$D \approx 2.0$ mm。可以指出，这种近似在一般情况下并不会引起很大误差，因为式(3-85)根号中的第一项与第二、三项之和相比是很小的。顺便指出，式(3-86)和式(3-87)两式中之 $M\eta$ 值仍需根据 $\frac{H}{\Delta}$ 值由图 3-10 查得。在表 3-8 中引述了米尔茨胡拉瓦的黏土试验资料，在同一表中给出了根据公式(3-87)算得的起动流速数值。计算值与实测值的比较表明，二者基本上是一

致的，但某些测次的差别还是较大的。这一方面说明公式中概括了影响黏土起动的主要因素，另一方面也说明还有许多次要因素没有得到反映。可以指出，对黏土起动的许多细节还都缺乏了解，需要开展深入细致的试验和理论研究。

### 表 3-8　黏土起动流速数据

| 序号 | 土壤 | $D$/mm | $H$/cm | $\tau_{c,cp}$ /(g/cm$^2$) | 起动流速 $\overline{v_{cp,2k}}$ /(cm/s) | | 备注 |
|---|---|---|---|---|---|---|---|
| | | | | | 实测值 | 计算值 | |
| 结构黏土 | | | | | | | |
| 1 | 中黏壤土 | 2.2 | 6.0 | 100 | 173 | 152 | |
| 2 | 实黏土 | 0.75 | 6.0 | 225 | 223 | 229 | |
| 3 | 压实黏土 | 3.0 | 6.0 | 250 | 216 | 237 | |
| 4 | 重黏壤土 | 1.0 | 6.0 | 140 | 214 | 181 | 1. 取黏土粒径 $d \approx 0.005$ mm |
| 5 | 压实黏土 | 4.0 | 6.0 | 220 | 206 | 235 | 2. 取黏壤土粒径 $d \approx 0.01$ mm |
| 6 | 重黏土 | 2.7 | 6.0 | 170 | 203 | 203 | 3. 取 $\dfrac{H}{\Delta} \geqslant 60$　即 $M\eta \approx 0.845$ |
| 7 | 重黏土 | 4.0 | 6.0 | 100 | 120 | 165 | |
| 8 | 黏土 | 4.0 | 6.0 | 110 | 220 | 176 | |
| 9 | 黏土 | 4.0 | 6.0 | 125 | 130 | 185 | |
| 10 | 黏土 | 6.0 | 6.0 | 90 | 143 | 168 | |
| 11 | 黏土 | 4.0 | 6.0 | 125 | 154 | 185 | |
| 非结构黏土 | | | | | | | |
| 12 | 中黏壤土 | 4.0 | 6.0 | 190 | 193 | 247 | |
| 13 | 黏土 | 1.5 | 2.0 | 180 | 306 | 239 | |
| 14 | 黏土 | 3.2 | 2.0 | 195 | 235 | 250 | |
| 15 | 红黏土 | 4.0 | 2.0 | 110 | 287 | 196 | |
| 16 | 黏土 | 0.8 | 6.0 | 200 | 240 | 251 | |
| 17 | 黏土 | 4.0 | 6.0 | 140 | 154 | 212 | |

# 第4章　底 沙 运 动

## 4.1　底沙运动机制概述

前边已经提过，在水文测验工作中，以及在泥沙运动理论中，很早就习惯于把河流中运动着的泥沙分为悬沙和底沙，或者悬移质和推移质。然而对于底沙概念的了解却是逐步深入的，例如 1879 年法国学者杜波依斯提出了河底泥沙在水流推动下分层滑动的论点(详见 4.2 节)。后来的试验表明，在常见的水流和泥沙条件下(微细颗粒和轻质沙除外)，这种层层带动的运动形式是不存在的，水流在每瞬间只能把最上一层中的泥沙颗粒冲动。因而不少学者认为底沙只是由床面最上一层颗粒的滚动和滑动形成的，并且认为这些底沙颗粒在运动过程中始终与河床保持着接触。许多学者的研究指出，跳动是底沙运动的主要形式[46,54-57]，只滑动和滚动而不与床面脱离接触的泥沙是很少的，这些泥沙可以看作是跳动的特殊情况，即跳跃高度为零。

直接观察表明，床面上的泥沙颗粒，在被水流冲走之前，往往先行颤动，当某一瞬间水流作用力超过保持颗粒稳定的力后，颗粒将发生滚动并在惯性影响下将与凹凸不平的床面脱离接触而跳起。颗粒跳过一段距离后，在重力作用下又重新落于床面，落下后或者继续滚动一小段距离(实际上往往是较小的跳跃)，或者立即停止移动，直到水流的瞬时作用力又超过保持其稳定的力后才再次跳动。促使泥沙颗粒发生跳动的因素很多，如上举力、床面不平以及黏结力和下压力在起动时的突然消失等，但对一般较粗颗粒泥沙来说，以前两因素为主，因为在上举力的作用下，颗粒往往失重而易于跳离床面，在床面不平的影响下，颗粒向前运动时，易于失去与床面的接触而跳跃。拜格诺[56]、杜兰德[57]和岗恰洛夫[3]等都曾观察过泥沙颗粒的跳跃情况，并定性地描述了跳跃轨迹。这些学者的观察结果以及笔者的观测数据都表明，颗粒具有如图 4-1 所示的跳跃轨迹。

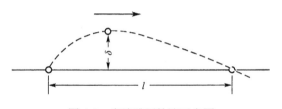

图 4-1　底沙跳跃轨迹示意图

　　从图中可以看到，颗粒跳起后不久就达到了最高位置，然后比较缓慢地下降。泥沙颗粒的上升速度约比其下降速度大 3～4 倍。由于水流瞬时作用力的大小具有偶然性，颗粒的跳跃长度和高度也具有偶然性，笔者利用电影拍摄法所获得的有关跳跃长度和高度的资料表明，平均跳跃长度和平均跳跃高度取决于水流的强弱和泥沙颗粒的大小。颗粒越大，越难起动，因而只有在较大流速时才能观察到较粗颗粒的跳跃。由于粗颗粒泥沙跳起后具有较大的惯性，其跳跃高度和长度也往往较大。对于粒径相同的颗粒来说，流速越大，平均跳跃高度和平均跳跃长度也越大。在同一平均水力因子条件下，颗粒跳得越高，其跳跃长度往往也越大。在图 4-2 中绘制了跳跃长度和跳跃高度的相关曲线。试验资料表明，在这两者间存在着直线关系。应当指出，虽然跳跃高度相同，但由于流速不同，其跳跃长度也是不同的，流速越大，颗粒的跳跃长度也越大。

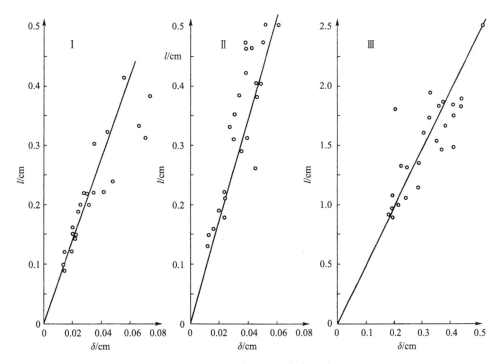

图 4-2　跳跃长度与跳跃高度相关图
I 和 II 组的试验沙为中沙（$d$=0.58 mm）；III 组的试验沙为砾石（$d$=5.0 mm）

　　随着流速的增大，水流对颗粒的悬浮作用增强。跳起的颗粒往往由于受到水流的悬浮作用要在水流中运行一段较长的距离，致使其跳跃长度增大。这种条件下的泥沙输移实际上是处于底沙与悬沙的过渡阶段，当流速增大到一定数值后，跳起的颗粒可能被水流悬浮而远离床面并运行很长距离。这些泥沙在水流中的运移情况逐渐与跳离床面时的受力情况无关，完全受制于水流的悬浮作用。这些被悬浮而运移的泥沙就不再属于底沙范畴，而应当被看作是悬沙了。由此可见，运动规律完全取决于跳离床面时的受力情况的泥沙属于推移质泥沙，运动规律完全受制于水流悬浮作用的泥沙属于悬移质泥沙，而运动规律既与脱离床面时的受力情况有关，又与水流的悬浮作用有关的泥沙属于过渡状态的泥沙。实际上，在较大流速条件下，做推移质泥沙试验时，测得的泥沙输沙率资料就属于过渡区的资料。在用较粗颗粒泥沙做悬沙试验而流速又不是很大时，也属于过渡区。然而应当指出，在实践中是很难区分何时是属于悬沙，何时是属于底沙的。实际上，就是同一颗粒在同一平均水流条件下，其运动形式也不固定，有时可能以推移质形式运动，有时又可能以悬移质形式运动，因而在上述形态间是很难作出严格区分的，在实践中只能按近似处理。

## 4.2　底沙输沙率问题

研究底沙运动规律的主要目的是要了解在各种水力条件下底沙的输移数量。单位时间内通过单位宽度的泥沙数量，一般称作底沙输沙率或底沙流量。可以指出，在解决与河床变形有关的许多理论和实际问题时，都需要知道底沙输沙率，因而底沙输沙率问题具有重要的理论和实际意义。正是由于问题的重要性，许多学者对此问题进行了研究，并作出了重要贡献。

从较早的理论研究中首先需要提到杜波依斯的论点[58]。虽然这个学者提出的假说与实际并没有相似之处，但由于他的著作对以后的研究有很大影响，因而对

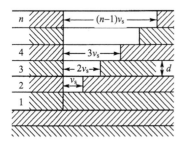

图 4-3　杜波依斯的设想图案

这个假说的主要论点作一简短介绍。在这个假说中提出，河底泥沙在水流作用下是分层运动的，最上层，即直接与水流相接的那一层，是在水流直接作用之下发生运动的，因而推移速度最大；以下各层泥沙的运动是在其上层泥沙作用之下产生的，因而推移速度逐层减小，这样的推移运动从一层传到另一层，直到推移速度为零的那一层为止（图 4-3）。

如果假定各层速度是按照直线减小的，并假定速度为零的那一层的编号为"1"，其上一层的编号为"2"，而速度为 $v_s$，则从图 4-3 中可以看到，最上一层即编号为"$n$"的那一层泥沙的推移速度应当为 $v_s(n-1)$。如果取每层厚度为 $d$，则全部运动层的厚度为 $nd$，其平均速度为 $\dfrac{v_s(n-1)}{2}$。因而通过单位宽度的推移质输沙率为

$$q_s = \gamma_s' n d \frac{v_s (n-1)}{2} \qquad (4\text{-}1)$$

式中：$\gamma_s'$——泥沙(包括空隙)的容重。

现在来讨论水流条件。作用于单位河底表面的水流切应力 $\tau$ 等于 $\gamma H J$，此力应当与运动层最下一层的摩擦力相等。摩擦力可以写作

$$\tau = f(\gamma_s' - \gamma) n d \qquad (4\text{-}2)$$

如果令 $\tau_0$ 表示刚刚起动时的水流切应力，即仅最上一层发生移动时的切应力，则根据此时 $n=1$ 可以写出

$$\tau_0 = f(\gamma_s' - \gamma) d \qquad (4\text{-}3)$$

将式(4-3)代入式(4-2)则得

$$n = \frac{\tau}{\tau_0} \qquad (4\text{-}4)$$

将 $n$ 值代入式(4-1)后，即可得到

$$q_s = \frac{\gamma_s' d v_s}{2\tau_0^2} \tau(\tau - \tau_0) \qquad (4\text{-}5)$$

如果认为 $\dfrac{\gamma_s' d v_s}{2\tau_0^2}$ 只是泥沙的函数并令其为 $\varphi$，则上式可以写作下边这样：

$$q_s = \varphi \tau(\tau - \tau_0) \qquad (4\text{-}6)$$

这就是杜波依斯于 1879 年提出的推移质输沙率公式。后来的试验一致表明，底沙的运动情况与杜波依斯所设想的情形完全不同。在一般条件下进行水槽试验时可以清楚地看到，只是床面上的泥沙发生移动，下边的泥沙在上层泥沙没有被冲走之前是处于静止状态的。然而应当指出，虽然杜波依斯的理论前提是与实际不符的，但他所获得的式(4-6)在某种程度上却反映了底沙输沙率与水流条件间的关系，因而引起了人们的兴趣。不少学者曾致力于通过试验来确定式中的参数，例如根据试验资料，旭克列许提出[59]

$$\varphi = \frac{a_1}{\gamma_s - \gamma} \qquad (4\text{-}7)$$

张有龄提出[43]

$$\varphi = \frac{a_2 n}{\tau_0^2} \qquad (4\text{-}8)$$

希尔兹提出[48]

$$\varphi = \frac{a_3 v_{cp}}{(\gamma_s - \gamma)\gamma_s d} \qquad (4\text{-}9)$$

式中：$a_1$、$a_2$、$a_3$——系数；

　　　$n$——糙率系数，其余符号同前。

应当指出，临界推移力(或河底切应力)$\tau_0$ 在不同作者的公式中具有不同的数值，具体数值需要根据其作者提出的经验公式来确定。

奥布赖恩和林德劳布对杜波依斯的理论前提提出了一些修订[60]。这两位学者认为各沙层的运动速度不是像杜波依斯所假定的那样按直线变化，而是应当按照曲线变化，因而得到了如下形式的推移质输沙率公式：

$$q_s = \varphi'(\tau - \tau_0)^m \tag{4-10}$$

式中的 $m$ 根据吉尔伯特的部分资料约变化于 1.3～1.4 之间。

提出这种类型公式的还有美国水道试验站[40]，其主要差别仅在于考虑了河床糙率的影响：

$$q_s = \frac{a_4}{n}(\tau - \tau_0)^m \tag{4-11}$$

式中：$n$——河床糙率。根据试验资料定出 $m \approx 1.5$～$1.8$。

由于底沙运动并不是以各层滑动的形式向前推进的，因而奥布赖恩的理论前提仍然与实际情况不符，然而上述公式(4-6)～式(4-11)作为经验公式在一定范围内还是能够与实际情况吻合的。可以指出，这些公式都是以切应力为主要参变数的，因而形成了底沙输沙率公式中的第一种类型。

第二种类型的公式是以流速为主要参变数的，例如有波利亚科夫公式[61]

$$q_s = a_1 v^4 \tag{4-12}$$

格韦列西阿尼公式[62]

$$q_s = \frac{a_2 d}{\lg\left(\dfrac{12d_{\max} + d}{d}\right)^2}(v - v_k)\left(\frac{v^3}{v_k^3} - 1\right) \tag{4-13}$$

沙莫夫公式[63]

$$q_s = a_3\sqrt{d}\left(\frac{v^3}{v_k^3}\right)(v - v_k)\left(\frac{d}{H}\right)^{\frac{1}{4}} \tag{4-14}$$

第三种类型的公式是以单宽流量和比降为主要参变数的，例如麦克杜格尔公式[64]

$$q_s = a_1 J^{\frac{3}{2}}(q - q_0) \tag{4-15}$$

吉尔伯特公式[65]

$$q_s = a_2 \frac{J^{1.59}}{d^{0.58}} q^{1.02} - b_2 \tag{4-16}$$

旭克列许后来提出的公式[66]

$$q_s = a_3 \frac{J^{\frac{3}{2}}}{d^{\frac{1}{2}}} (q - q_0) \tag{4-17}$$

梅叶-彼德的早期公式[67]

$$q_s = a_4 J^{\frac{3}{2}} \left( q^{\frac{2}{3}} - b_4 \frac{d}{J} \right)^{\frac{3}{2}} \tag{4-18}$$

巴列基扬公式[68]

$$q_s = a_5 \frac{\gamma \gamma_s}{\gamma_s - \gamma} q J \left( \frac{q}{q_0} - 1 \right) \tag{4-19}$$

上述式中 $a$ 和 $b$ 都是系数，$q_0$ 是泥沙起动时的水流单宽流量。

可以指出，上述这些由经验途径获得的公式，一般说来，适用范围较小，大部分都没有推广价值，公式中的尺度就很清楚地说明了这点。在前边引述的公式中，许多系数具有尺度，因而这些系数只是在特定条件下才保持为常值。由于纯经验途径，特别是在资料较少的条件下，不可能全面发现事物的内在规律，因而公式的应用范围往往很小。正是由于这个原因，上述公式中的许多公式，目前已没有实用价值。在经验公式中获得比较广泛应用的要算梅叶-彼德和米勒于 1948 年提出的公式[34]。

$$q_s = \frac{\gamma_s}{\gamma_s - \gamma} \left[ \frac{4 \left( \frac{K_s}{K_r} \right)^{\frac{3}{2}} \gamma HJ - 0.047 (\gamma_s - \gamma) d}{\left( \frac{\gamma}{g} \right)^{\frac{1}{3}}} \right]^{\frac{3}{2}} \tag{4-20}$$

式中：$K_s$——河床的糙率系数，其值由公式 $K_s = \dfrac{v_{cp}}{H^{\frac{2}{3}} J^{\frac{1}{2}}}$ 求得；

$K_r$——河床平整时的糙率系数，其值由公式 $K_r = \dfrac{26}{d_{90}}$ 确定，其中 $d_{90}$ 是床沙组成中 90%均较小的粒径。

公式中的尺度用 t·m·s 表示。这个公式的优点在于，使用的资料范围较广，例如平均粒径的变化范围为 0.4～30 mm，公式与这些资料的符合程度较高，然而这个公式也不可能脱离一般经验公式所具有的局限性。

在指出经验公式的局限性的同时，也应当看到这些公式在一定范围内还是能够近似地反映出底沙的运行数量的，因而对这些公式的结构进行一些分析还是必要的。如果可以认为一般试验是在水深不大的条件下完成的，那么就可以根据谢才公式而得出结论，切应力或者比降都是与流速的平方成正比的，即 $\tau \sim v^2$ 和 $J \sim v^2$。另外，单宽流量 $q$ 是流速与水深的乘积，因而单宽流量与流速的一次方成正比，即 $q \sim v$。这样从前边介绍的三种类型的绝大多数公式中都可以看到，底沙输沙率是与流速的四次方成正比的。由此可见，这些公式虽然具有极不相同的形式，但却存在着一个共同特征。

在进行经验分析的同时，不少学者对底沙输沙率问题进行了理论分析。虽然这些理论研究还是很不够的，但却大大推动了对底沙运动规律的认识。可以指出，在研究像底沙运动这样复杂的物理现象时，不进行深入的理论研究，而局限于纯属经验性质的分析上，是不可能使问题获得满意解决方案的。底沙运动的理论研究基本上是按照三个方向进行的，其中之一是根据尺度原理和相似原理对底沙输沙率进行的分析；另一些研究是根据水动力学的基本概念进行的；第三类研究是在应用数学统计理论的基础上进行的。这三个独立的研究方向虽然都还没有使问题得到彻底解决，但却都作出了贡献。下面分别来介绍这些理论。

## 4.3 底沙输移规律的尺度分析[①]

鉴于底沙运动规律的复杂性，一些学者认为可以通过尺度分析途径来探求底沙的输移规律。在这方面主要介绍叶吉阿扎罗夫的研究成果。

根据尺度分析和相似原则，叶吉阿扎罗夫于 1949 年得到了适用于粗颗粒泥沙的底沙输沙率公式[69]。这位学者认为，相对剩余切应力 $\dfrac{\tau - \tau_0}{\tau_0}$ 是决定底沙输移强度的主要判数，其中 $\tau$ 是水流在河底的切应力(或称水流的推移力)；$\tau_0$ 是泥沙处于起动状态时的河底切应力(或称临界推移力)。如果用单宽底沙输沙率 $q_s$ 与单宽液体流量 $q$ 的比值来表示底沙的输移强度 $\dfrac{q_s}{r_s q}$，则可以把此比值看作是相对剩余切应力的函数。除了这两个无尺度判数外，叶吉阿扎罗夫把水面比降 $J$ 看作是影响底沙输移强度的另一无尺度判数，这个判数集中反映了水流状态和河床糙率的影响($J = \dfrac{v_{cp}^2}{C_0^2 gH}$，$C_0$ 是无尺度谢才系数)。根据这种见解，可以写出下述关系式：

---

① 由于本节只涉及时间平均流速，故时间平均符号省略。

$$\frac{q_s}{\gamma_s q} = f_1\left(\frac{\tau - \tau_0}{\tau_0}, J\right) \tag{4-21}$$

叶吉阿扎罗夫采用对比方法来判断水面比降与 $\dfrac{q_s}{\gamma_s q}$ 的函数关系，为此引用了

清水稳定流的重力相似条件 $\dfrac{v_{cp}}{\sqrt{gH}}$ 和阻力相似条件 $J$。对一定的水流来说，必然存

在下述函数关系：

$$\frac{v_{cp}}{\sqrt{gH}} = \varphi_1(J)$$

由于阻力相似条件，根据谢才公式可以写作

$$J = \frac{1}{C_0^2}\frac{v_{cp}^2}{gH}$$

因而得

$$\varphi_1(J) = C_0 J^{\frac{1}{2}}$$

即弗劳德数 $Fr\left(=\dfrac{v_{cp}}{\sqrt{gH}}\right)$ 与比降的 $\dfrac{1}{2}$ 次方成正比。

叶吉阿扎罗夫指出，如果采用表述式 $q_s = k\gamma_s v_s d$（其中 $k$ 为比例系数，$v_s$ 是泥沙颗粒的平均移动速度），$q_b = \sqrt{gH}H$（这里 $q_b$ 表示当流速等于波速 $\sqrt{gH}$ 时的单宽流量），则得

$$\frac{q_s}{\gamma_s q} = \frac{\dfrac{q_s}{\gamma_s q_b}}{\dfrac{q}{q_b}} = \frac{\dfrac{k\gamma_s v_s d}{\gamma_s \sqrt{gH}H}}{\dfrac{v_{cp}H}{\sqrt{gH}H}} = \frac{k\dfrac{d}{H}\dfrac{v_s}{\sqrt{gH}}}{\dfrac{v_{cp}}{\sqrt{gH}}} = \frac{k'Fr_s}{Fr}$$

式中：$k' = k\dfrac{d}{H}$。

由此可见，输沙强度判数是由固体(泥沙)弗劳德数和液体(水)弗劳德数组成。叶吉阿扎罗夫从而认为 $\dfrac{q_s}{\gamma_s q}$ 也像清水中的弗劳德数一样与比降的 $\dfrac{1}{2}$ 次方成正比，即

$$\frac{q_s}{\gamma_s q} \sim J^{\frac{1}{2}}$$

因而式(4-21)可以写作下边这样：

$$\frac{q_\mathrm{s}}{\gamma_\mathrm{s} q} = J^{\frac{1}{2}} f_2 \left( \frac{\tau - \tau_0}{\tau_0} \right) \tag{4-22}$$

或

$$\frac{q_\mathrm{s}}{\gamma_\mathrm{s} q J^{\frac{1}{2}}} = f_2 \left( \frac{\tau - \tau_0}{\tau_0} \right) \tag{4-22a}$$

叶吉阿扎罗夫认为式中的临界推移力可以按照下述公式来确定:

$$\tau_0 = a(\gamma_\mathrm{s} - \gamma) d \tag{4-23}$$

式中系数 $a \approx 0.05 \sim 0.06$。

为了求解关系式(4-22a),叶吉阿扎罗夫将试验数据点绘于以 $\dfrac{\tau - \tau_0}{\tau_0}$ 为横坐标,

以 $\dfrac{q_\mathrm{s}}{\gamma_\mathrm{s} q J^{\frac{1}{2}}}$ 为纵坐标的图中,粗颗粒泥沙($d > 1.5$ mm)的点据在图中基本上落于一

直线的两侧,此直线的解析式为

$$q_\mathrm{s} = 0.015 \gamma_\mathrm{s} q J^{\frac{1}{2}} \frac{\tau - \tau_0}{\tau_0} \tag{4-24}$$

由于细颗粒泥沙的点据在图中非常分散,公式(4-24)只适用于确定粗颗粒泥沙的底沙输沙率。

为了推求适用于各种粒径泥沙的底沙输沙率公式,叶吉阿扎罗夫又进行了探讨,其成果发表于 1956~1960 年间[26,27,51]。在进一步的研究中,叶吉阿扎罗夫发现,对粒径小于 1.5~2.0 mm 的泥沙来说,式(4-23)中的系数 $a$ 不能认为是常值,而应当像希尔兹那样认为是粒径雷诺数的函数(参见 3.5 节),并把泥沙的起动条件根据雷诺数的大小分为四种状态:紊流阻力平方区 $\left( 当 \dfrac{v_* d}{\nu} > 1000 \right)$,紊流过渡区 (当 $30 < \dfrac{v_* d}{\nu} < 1000$),紊流光滑区(当 $1 < \dfrac{v_* d}{\nu} < 30$)和层流自动模型区(当 $\dfrac{v_* d}{\nu} < 1$)。系数 $a$ $\left( 即比值 \dfrac{v_*^2}{\dfrac{\gamma_\mathrm{s} - \gamma}{\gamma} g d} \right)$ 只在紊流阻力平方区和层流自动模型区才与雷诺

数无关,保持为常值,在前边的条件下 $a \approx 0.05$,在后边的条件下 $a \approx 0.08$。在过渡区和光滑区 $a$ 值随着雷诺数的变化而变化,其最小值约为 0.02。

此后叶吉阿扎罗夫对切应力参数提出了修正,认为采用相对剩余切应力的概念不能全面概括各种粒径泥沙的输移条件。按照叶吉阿扎罗夫的观点,决定含沙

浓度判数 $\dfrac{q_s}{\gamma_s q J^{\frac{1}{2}}}$ 应当是相对剩余能量 $\dfrac{N-N_0}{N_0}$ 的函数，即

$$\frac{q_s}{\gamma_s q J^{\frac{1}{2}}} = f_3\left(\frac{N-N_0}{N_0}\right) \tag{4-25}$$

式中：$N$——单位时间作用于颗粒单位面积上的水流能量；

$N_0$——泥沙处于起动状态时单位时间作用于颗粒单位面积上的水流能量。

因而有

$$\left. \begin{array}{l} N = \tau v_r \\ N_0 = \tau_0 v_{r0} \end{array} \right\} \tag{4-26}$$

式中：$v_r$——水流与颗粒的相对流速；

$v_{r0}$——起动状态时的上述相对流速，由此可知

$$v_r = v_d - v_s$$

$$v_{r0} = v_{d,k}$$

式中：$v_s$——泥沙颗粒的运移速度。

叶吉阿扎罗夫根据自己的研究成果得出 $v_{d,k}=\omega$，即起动流速与颗粒在静水中的自由沉降速度相等。因此他认为

$$v_{r0} = \omega$$

把这个概念加以推广，叶吉阿扎罗夫提出相对速度 $v_r$ 与泥沙颗粒的制约沉降速度 $\omega_0$ 相等的假定：

$$v_r = \omega_0$$

由于制约沉降速度与含沙浓度有关，因而 $v_r$ 值随着河底含沙浓度而变化。

将上述有关数值代入，则可写出

$$\frac{N-N_0}{N_0} = \frac{\tau\omega_0 - \tau_0\omega}{\tau_0\omega}$$

为了求解函数式 (4-25)，叶吉阿扎罗夫引用了各家学者的试验资料，并把这些资料点绘在以 $\dfrac{N-N_0}{N_0} = \dfrac{\tau\omega_0 - \tau_0\omega}{\tau_0\omega}$ 为横坐标，以 $\dfrac{q_s}{\gamma_s q J^{\frac{1}{2}}}$ 为纵坐标的图中（图 4-4）。

从图中可以看到，细颗粒资料的分散程度较以 $\dfrac{\tau-\tau_0}{\tau_0}$ 为横坐标时显著缩小，并可以用一直线来近似地表述两参数之间的函数关系。

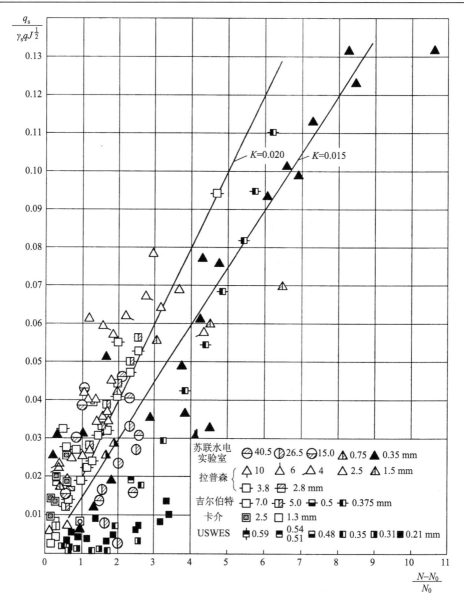

图 4-4　叶吉阿扎罗夫公式与试验资料的比较

因而底沙输沙率公式可以写作

$$q_s = 0.025\gamma_s q J^{\frac{1}{2}} \frac{\tau\omega_0 - \tau_0\omega}{\tau_0\omega} \tag{4-27}$$

叶吉阿扎罗夫对这个公式中的各参数进行了分析，并且指出了下列函数关系

$$\frac{q_{\text{s}}}{\gamma_{\text{s}}qJ^{\frac{1}{2}}} = \varphi\left(\frac{q_{\text{s}}}{r_{\text{s}}q}, J\right) = \varphi\left(\frac{q_{\text{s}}}{\gamma_{\text{s}}q}, Fr_H\right)$$

$$\frac{N}{N_0} = \frac{\omega_0}{\omega_a}\frac{HJ}{\dfrac{\gamma_{\text{s}}-\gamma}{\gamma}d} = \frac{\varphi(Re_d, S)}{\varphi(Re_{d,k})}\frac{Fr_d^2}{\dfrac{\gamma_{\text{s}}-\gamma}{\gamma}}$$

其中，

$$Fr_H = \frac{v_{\text{cp}}}{\sqrt{gH}}, \quad Fr_d = \frac{v_{\text{cp}}}{\sqrt{gd}} = Fr_H\left(\frac{H}{d}\right)^{\frac{1}{2}}$$

$$Re_d = \frac{v_{\text{r}}d}{\nu}, \quad Re_{d,k} = \frac{v_k d}{\nu}$$

式中：$S$——含沙浓度。

因而方程式(4-27)是包括七种无尺度参变数的函数式，即

$$\varphi\left(\frac{q_{\text{s}}}{\gamma_{\text{s}}q}, Fr_H, Fr_d, \frac{\gamma_{\text{s}}-\gamma}{\gamma}, Re_d, S, Re_{d,k}\right) = 0$$

由此叶吉阿扎罗夫得出结论，由公式(4-27)全面地概括了底沙运动的相似判数，所以它的适用范围可以不受所引用的试验资料范围的限制。

然而应当指出，图 4-4 中的点据还是比较分散的，试验值与计算值的偏差常常是很大的。看来，这种情况的出现，一方面与泥沙运动的复杂性有关，另一方面也与所采用的参变数不够全面和确切有关。例如认为 $\dfrac{q_{\text{s}}}{\gamma_{\text{s}}q}\sim J^{\frac{1}{2}}$，$v_{\text{r}}=\omega_0$，$v_k=\omega$，$\dfrac{\tau_0}{(\gamma_{\text{s}}-\gamma)d}=f(Re_{d,k})$ 等还缺少足够的根据，现有的一些资料表明，这样的假定是不妥当的。同时也应当指出，尺度分析在一般情况下并不一定能够给出问题的全面解答，满足尺度分析只是必要条件而不是充分条件。因而在研究像泥沙运动这样的复杂问题时，由于对物理现象了解得不够透彻，有时得到的解答就可能具有很大的局限性。因而把尺度分析作为鉴定研究成果的方法之一，则是完全必要的。

对于如何根据尺度分析原则验证底沙输沙率公式，维利卡诺夫提出了一些建议[70]。

维利卡诺夫认为流速($v_*$动力流速)、水深($H$)、泥沙粒径($d$)和沉降速度($\omega$)是表述底沙输移数量的主要特征值。前两个特征值表示水流条件，后两个表示泥沙条件，其中粒径又可以看作是表示河底糙率的特征值，因而也是表示水流条件

的一个因素。由此这位学者得出结论：底沙输沙率强度 $\dfrac{q_s}{\gamma_s q}$ 只能与下述两个无尺度参数有关：

$$\frac{q_s}{\gamma_s q} = f\left(\frac{d}{H}, \frac{\omega}{v_*}\right) \tag{4-28}$$

应当说明，维利卡诺夫认为泥沙颗粒的两个特征值(沉降速度和起动流速)具有相同的结构 $\sqrt{gH}$，只是系数不同。因而用参数 $\dfrac{\omega}{v_*}$ 代替了另一重要参数 $\dfrac{v_k}{v_{cp}}$。

这位学者把沉降速度写作如下形式：

$$\omega = f\sqrt{\frac{\gamma_s - \gamma}{\gamma} gd} \tag{4-29}$$

其中比例系数 $f$ 对粗颗粒泥沙$(d>2.0\text{ mm})$为一常值，对于粒径小于 1.5 mm 的细颗粒泥沙则与雷诺数有关。

维利卡诺夫指出，当取 $\dfrac{\omega}{v_*}$ 的二次方时

$$\frac{\omega^2}{v_*^2} = \frac{f^2 \dfrac{\gamma_s - \gamma}{\gamma} gd}{gHJ} = f^2 \frac{\gamma_s - \gamma}{\gamma} \frac{d}{HJ} \tag{4-30}$$

可以得到颗粒稳定参数。当取三次方时

$$\frac{\omega^3}{v_*^3} = f^2 \frac{\gamma_s - \gamma}{\gamma} \frac{d\omega}{HJv_*} = \frac{f^2}{\mathscr{K}} \frac{d}{H} \frac{\gamma_s - \gamma}{\gamma} \frac{\mathscr{K}\omega}{Jv_*} = \alpha \frac{d}{H}\beta \tag{4-31}$$

式中 $\alpha = \dfrac{f^2}{\mathscr{K}}$ 为一系数，$\beta = \dfrac{\gamma_s - \gamma}{\gamma} \dfrac{\mathscr{K}\omega}{Jv_*}$ 为悬沙重力理论中的主要参数。在此基础上维利卡诺夫进一步指出，正确的底沙输沙率公式只能是相对糙率 $\dfrac{\Delta}{H}$ 和重力参数 $\beta$ 的函数，即

$$\frac{q_s}{\gamma_s q} = f_0\left(\frac{d}{H}, \beta\right) \tag{4-32}$$

然而应当指出，$\dfrac{\omega}{v_*}$ 与 $\dfrac{v_k}{v}\left(\text{或} \dfrac{v_{*,k}}{v_*}\right)$ 是两个不同的参数，只对粗颗粒才存在着正比关系。对于细颗粒来说，$\omega$ 随着颗粒的减小而迅速减小，$v_k$ 则随着颗粒的减小或者很少变化，或者有所增大。因而这里的 $f_0$ 值与起动流速问题中的 $\alpha$ 值的变化规律是完全不同的。由此可见，式(4-29)或式(4-32)的函数关系是不够全面的，

但参数 $\dfrac{d}{H}$ 和 $\dfrac{\omega}{v_*}$ 确实是泥沙运动理论中的重要参数。

## 4.4　底沙运动的水动力学分析[①]

许多学者在研究底沙输沙率问题时,常常从分析水流对泥沙的动力作用入手,这方面的研究成果很多,其中值得着重指出的有维利卡诺夫、岗恰洛夫、列维等的研究。

### 4.4.1　维利卡诺夫的研究

维利卡诺夫[54]在指出杜波依斯理论图案的原则性缺欠之后,强调说明,在一般常见情况下只是河底表面一层泥沙颗粒参加运动。如果假定这一层泥沙中的全部颗粒都以等速 $v_{\mathrm{s}}$ 向前移动,则单位时间内通过单位宽度的泥沙数量(以质量计)应当等于这一层中所占有的泥沙颗粒数目 $n$ 乘其每个颗粒的质量,再乘以运移速度 $v_{\mathrm{s}}$,即

$$q_{\mathrm{s}} = n \cdot \frac{\pi d^3}{6} \gamma_{\mathrm{s}} \cdot v_{\mathrm{s}} \tag{4-33}$$

表层中的泥沙颗粒数目 $n$ 应当等于泥沙颗粒在这一层中所真正占有的总面积除以每个颗粒的横断面积 $\dfrac{\pi d^2}{4}$。如果在单位面积的河底上泥沙颗粒所占有的面积为 $m_0$(维利卡诺夫称此值为静密实系数),则有

$$n = \frac{m_0}{\dfrac{\pi d^2}{4}} \tag{4-34}$$

将 $n$ 值代入式(4-33),则可写出全层运动时的底沙输沙率

$$q_{\mathrm{s}} = \frac{2}{3} m_0 \gamma_{\mathrm{s}} d v_{\mathrm{s}} \tag{4-35}$$

维利卡诺夫指出,当流速不太大时,这种全层运动是不可能出现的,而在一般条件下参加运动的只是河底表层中的部分颗粒。如果令参加运动的颗粒的总体积与河底表层中泥沙颗粒的总体积之比为 $m$(维利卡诺夫称之为动力密实系数),则单宽底沙输沙率可以写作

$$q_{\mathrm{s}} = \frac{2}{3} m_0 \gamma_{\mathrm{s}} d v_{\mathrm{s}} m \tag{4-36}$$

---

① 由于本节中只讨论时间平均流速,故时间平均符号省略。

维利卡诺夫在提出上述底沙输沙率的一般结构式之后，只对公式中的参数 $v_s$ 和 $m$ 的函数关系做了一般性的说明，因而没有引申出计算公式。关于泥沙颗粒的移动速度，这位学者认为可以根据沃伊诺维奇和杰缅季耶夫的试验来确定。顺便指出，这两位学者曾在水槽中观测了染色颗粒在不同水力条件下通过某段距离所需要的时间。根据这样的方法测得的颗粒平均运移速度 $v_s$ 与水流的底流速 $v_d$ 具有密切关系(图 4-5)，其解析式可以写作

$$v_s = v_d - v_{d,k} \tag{4-37}$$

式中：$v_{d,k}$——用底流速表示的起动流速。

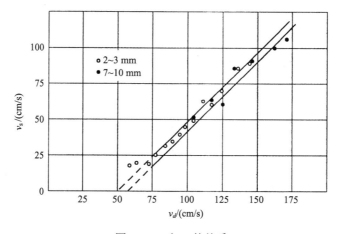

图 4-5　$v_s$ 和 $v_d$ 的关系

关于动力密实系数 $m$，维利卡诺夫指出它应当与流速有关。前节中已经提过，一般经验公式都表明底沙输沙率与流速的四次方成正比。由于 $v_s$ 与流速的一次方成正比，因而可以看出，$m$ 应当与流速的立方成正比。

### 4.4.2　岗恰洛夫的早期研究

在岗恰洛夫的早期著作中[46]，讨论底沙输沙率问题时，也是从公式(4-36)开始的。虽然后来也提出了另外的底沙输沙率公式(见本节最后部分)，但由于有不少学者(例如列维、沙莫夫等)采用了他的关于动力密实系数的研究成果，因而有必要对此作一简短介绍。

前边已经提到，为了把公式(4-36)变成计算公式，需要确定其中的动力密实系数 $m$。为此，岗恰洛夫于 1935 年观测了水流对块状物体(正方体)的动力作用，特别着重于物体间的遮挡效应。试验表明，阻力系数 $\lambda_x$ 和 $\lambda_y$ (参见公式(3-3)和式(3-4))与比值 $\dfrac{l}{d}$ 有关，其中 $l$ 是两物体中心点的距离，$d$ 是物体的边长。这个经验

关系式具有下述形式：

$$(\lambda_x + \lambda_y)^{\frac{3}{4}} = 0.14 \frac{l}{d} \tag{4-38}$$

由于 $\left(\dfrac{d}{l}\right)^2$ 可以看作是床面物体的密实程度，因而它在某种意义上相当于 $m$，故有

$$m \sim \left(\frac{d}{l}\right)^2$$

考虑到经验关系式(4-38)，可以写出

$$m \sim (\lambda_x + \lambda_y)^{-\frac{3}{2}}$$

另一方面，床面上的正方体在水流正面推力和上举力作用下不发生滚动的极限平衡条件为

$$\lambda_x d^2 \frac{\rho v_d^2}{2} \frac{d}{2} + \lambda_y d^2 \frac{\rho v_d^2}{2} \frac{d}{2} = (\rho_s - \rho)g d^3 \frac{d}{2}$$

因而有

$$(\lambda_x + \lambda_y) = \frac{\rho_s - \rho}{p} \frac{2gd}{v_d^2} \sim \left(\frac{v_d}{v_{d,k}}\right)^{-2}$$

由此，岗恰洛夫得到了下述关系式，并将其用于确定泥沙颗粒的动力密实系数：

$$m = k\left(\frac{v_d}{v_{d,k}}\right)^3 = k\left(\frac{v}{v_k}\right)^3 \tag{4-39}$$

式中：$v$——垂线平均流速；

　　　$v_k$——与其相应的临界流速。

岗恰洛夫也认为可以应用沃伊诺维奇和杰缅季耶夫的经验公式(4-37)来确定泥沙颗粒的运移速度。如果将此式中的底流速用平均流速来表示时，这位学者把式(4-37)写作下边这样：

$$v_s = (v - v_k)\left(\frac{d}{H}\right)^{\frac{1}{10}} \tag{4-40}$$

将式(4-39)、式(4-40)代入式(4-36)并根据试验资料确定其中的系数后，岗恰洛夫得到了下述底沙输沙率的计算公式：

$$q_s = 2.08d(v - v_k)\left(\frac{v}{v_k}\right)^3 \left(\frac{d}{H}\right)^{0.1} \tag{4-41}$$

式中：$d$ 和 $H$ 用 m 表示，流速用 m/s 表示，$q_s$ 用 kg/(m·s) 表示。

### 4.4.3 列维的研究

列维提出的底沙输沙率公式具有与岗恰洛夫公式(4-41)相类似的结构，基本理论图案也相同，底沙输沙率也是用式(4-36)来表示。在确定泥沙颗粒运移速度时，列维假定床面颗粒以等速前进。如果采用这种假定，那么水流对床面颗粒的作用力将取决于水流与颗粒的相对流速 $\bar{v}$。相对流速可以由下式来确定[①]：

$$\bar{v} = v_d - v_s$$

当流速等于起动流速时，床面沙粒基本上停止不前，即 $v_s = 0$，因而有

$$\bar{v} = v_{d,k}$$

将此值代入上式则有

$$v_s = v_d - v_{d,k} \tag{4-42}$$

这个推导过程比较简单，然而由于所采用的关于床面颗粒以等速运动的假定与实际情况出入较大，这种论述并不能被认为是具有充分根据的。但是作为一种经验公式，上述关系式还是可以采用的。

在讨论动力密实系数时，列维也采用岗恰洛夫于 1938 年得到的试验结果，即认为

$$m \sim \left(\frac{v}{v_k}\right)^3$$

考虑到 $v_k \sim \sqrt{gd}$，列维将上式改写为

$$m = m_1 \left(\frac{v}{\sqrt{gd}}\right)^3 \tag{4-43}$$

式中：$m_1$ 是比例系数。在一般情况下，列维认为它是相对糙率的函数。

将式(4-42)和式(4-43)代入式(4-36)，并根据底沙输沙率实测数据确定公式中的系数及指数后，列维得到下述底沙输沙率的计算公式：

$$q_s = 0.002 \left(\frac{v}{\sqrt{gd}}\right)^3 d(v - v_k) \left(\frac{d}{H}\right)^{\frac{1}{4}} \tag{4-44}$$

其中 $q_s$ 的单位是 t/(m·s)。

列维指出，此公式只适用于粒径 $d > 0.5$ mm 的泥沙。

---

① 原著中有关颗粒移动速度的推导过程远较此处复杂，但其实质并没有任何不同。

### 4.4.4 岗恰洛夫的后期研究

后期岗恰洛夫已经不再采用有关动力密实系数的经验关系式(4-39)，并对底沙的运动机制做了深入分析。如果只考虑床面泥沙颗粒做滚动或滑动运动时，底沙输沙率应由公式(4-36)来确定。当考虑到泥沙颗粒是以跳跃形式，即脱离床面运动时，公式(4-36)显然已不够确切。岗恰洛夫认为，底沙输沙率可以由下述关系式来表示：

$$q_s = \gamma_s h m_* v_s \tag{4-45}$$

式中：$h$——底沙运动层的厚度即沙粒跳动或悬浮高度；

$m_*$——底沙运动层的平均浓度；

$v_s$——沙粒平均运动速度。

取颗粒的悬浮高度与流速和粒径的一次方成正比，即

$$h = 0.7\alpha\varphi\frac{v - v_k}{v_k}d \tag{4-46}$$

式中：$a$——常数；

$\varphi$——泥沙颗粒紊动状态系数，其值等于颗粒在静水中的虚拟沉降速度与真实沉降速度之比。

所谓虚拟沉降速度是指颗粒在紊动绕流状态下所应具有的沉降速度。

为了确定底沙的平均浓度，首先需要知道床面上的含沙浓度 $m_H$，换句话说，需要知道床面上泥沙的动力密实系数。在确定这个含沙浓度时，岗恰洛夫假定河底水流阻力只作用于那些即将发生运动的颗粒。水流对颗粒的正面推力为

$$F_x = \lambda_x \alpha_2 d^2 \frac{\rho v_d^2}{2}$$

在单位面积的河底上有 $\dfrac{1}{\alpha_3 d^2}$ 个颗粒，因而水流的切应力可以写作

$$\lambda_x \frac{\alpha_2}{\alpha_3} \frac{\rho v_d^2}{2}$$

如果即将发生运动的那些颗粒彼此相距 $l$，那么单位面积内将有 $\dfrac{1}{l^2}$ 个颗粒发生运动。因而这些颗粒发生运动时所需要克服的摩擦阻力为

$$f(\rho_s - \rho)g\alpha_1 d^3 \frac{1}{l^2}$$

取上述两力相等，则可写出

$$\left(\frac{d}{l}\right)^2 = \frac{\rho}{\rho_s - \rho} \frac{\lambda_x}{f} \frac{\alpha_2}{\alpha_1 \alpha_3} \frac{v_d^2}{2gd}$$

由于 $d$ 与 $\dfrac{\rho}{\rho_s - \rho}\dfrac{v_{d,k}^2}{g}$ 成正比，将此比例关系代入上式后即可写出

$$\left(\frac{d}{l}\right)^2 = \alpha\left(\frac{v_d}{v_{d,k}}\right)^2 = \alpha\left(\frac{v}{v_k}\right)^2$$

前边已经提过，动力密实系数或床面上的含沙浓度等于 $\left(\dfrac{d}{l}\right)^2$，因而河底含沙浓度 $m_{*,\mathrm{H}}$ 可以写作

$$m_{*,\mathrm{H}} = \alpha\left(\frac{v}{v_k}\right)^2$$

岗恰洛夫用下式来表示床面含沙浓度 $m_{*,\mathrm{H}}$ 与平均含沙浓度 $m_*$ 之比值 $\sigma_1$

$$\sigma_1 = \frac{1}{1 + \alpha_5\varphi^r}$$

式中：$\alpha_5$ 及 $r$ 是常数。因而平均含沙浓度具有如下形式：

$$m_* = \frac{\alpha}{1 + \alpha_5\varphi^r}\left(\frac{v}{v_k}\right)^2 \tag{4-47}$$

岗恰洛夫认为泥沙颗粒的群体运移速度可以用下式来确定：

$$v_s = \alpha_k v_k\left(1 - \frac{v_k^3}{v^3}\right) \tag{4-48}$$

将式(4-46)、式(4-47)和式(4-48)代入式(4-45)，根据试验资料确定系数后，则得泥沙输沙率公式如下：

$$q_s = \gamma_s\frac{1+\varphi}{500}dv_k\left(\frac{v^3}{v_k^3} - 1\right)\left(\frac{v}{v_k} - 1\right) \tag{4-49}$$

其中 $q_s$ 的单位为 $\mathrm{t/(m\cdot s)}$。

为了使计算公式便于应用，岗恰洛夫指出，当 $\dfrac{v}{v_k} > 2$ 时，上述公式可以近似地写作下边这样：

$$q_s = 1.96(1+\varphi)\gamma_s v_k d\left(\frac{v}{v_k}\right)^{4.33} \tag{4-50}$$

从表面看来，这个公式既可确定底沙输沙率又可确定悬沙输沙率，但由于原作者在确定公式中的参数时主要引用了底沙资料，因而公式只能与底沙试验数据符合，与悬沙数据有时相差甚远。

从前边的叙述中可以看到，维利卡诺夫、岗恰洛夫(1938 年)和列维都是利用式(4-36)来表示底沙输沙率的。可以指出，如果底沙是以滚动或滑动方式在河底上推移的，则式(4-36)是一个足够严密的方程式。然而一系列观察表明，跳跃是底沙运动的主要形式，完全不脱离床面做滚动或滑动的泥沙在数量上是很少的，因而式(4-36)不能被认为是表述底沙输沙率的完整关系式。至于公式(4-45)，同样不够严密，在一般情况下引入"动力密实系数"是没有充分根据的，因为 $v_s$ 在泥沙颗粒时动时停的情况下应当被理解为床面全部颗粒的平均移动速度。只有当泥沙颗粒是连续前进时，才能把 $v_s$ 理解为床面上部分颗粒的平均速度，才能引入"动力密实系数"。然而试验表明，做连续运动的泥沙颗粒几乎是不存在的，关于这点在本章开始时已经提及。如果说利用式(4-37)表示泥沙颗粒的移动速度是以直接试验资料为基础的话，那么利用式(4-39)表述动力密实系数则缺乏直接的试验数据作依据。然而应当指出，虽然在理论论述方面还有上述缺欠，但人为地引入了动力密实系数 $m$，使得关系式具有一定的灵活性，并能间接地考虑那些跳离床面向前运动的泥沙颗粒，因而上述公式在一定范围内能够与试验数据符合。从理论图案看，岗恰洛夫 1954 年的公式是一个适用于过渡区的公式，因而当底沙的输沙强度较大时，这个公式较其他公式与实际更为接近一些。由于泥沙运动机制复杂，在公式推导过程中不得不采取了一些根据不足的假定，使得理论的严密性受到一定影响。

可以指出，本节中所提到的底沙输沙率公式的推导过程及所得公式的结构，基本上相同，这些研究成果构成了现代底沙运动理论中的水动力学理论。

## 4.5 底沙运动的统计分析

由于底沙运动是床面颗粒运动的综合反映，不少学者认为只有通过统计分析途径才能更好地了解底沙运动的规律。进行过底沙运动统计分析的学者很多，获得比较显著成果的有 H. A. 爱因斯坦、卡林斯基、维利卡诺夫等。

### 4.5.1 爱因斯坦公式

最早试图用统计理论分析底沙运动的可能是 H. A.爱因斯坦。这位学者最初对底沙颗粒在河床上的分布做了严密的统计分析，并获得了泥沙分布曲线[71]。然而这个颇有趣味的尝试没有能够被用来解决底沙运动的具体问题，后来爱因斯坦采用了另外的统计分析方法，对底沙运动理论的发展作出了贡献。在 1941 年发表的著作中[55]，采用了起动概率的概念，并把这个概率与水流条件直接联系起来。所谓起动概率，系指在某一时间间隔 $t_0$ 内，作用于床面泥沙颗粒的上举力超过颗粒本身质量的概率。这个起动概率不是根据数学统计理论直接确定的，而是认为它是颗粒重量与上举力的比值的函数。如果认为上举力与 $\alpha_2 d^2 \gamma H J$ 成正比，颗粒重量为 $(\gamma_s - \gamma)\alpha_1 d^3$，则起动概率 $\varepsilon$ 为

$$\varepsilon = f\left(\frac{\gamma_s - \gamma}{\gamma}\frac{d}{HJ}\right) \tag{4-51}$$

试验观察表明，底沙一般都是以跳跃形式向前运动的。爱因斯坦假定底沙颗粒的平均跳跃长度 $l$ 与粒径 $d$ 成正比，即

$$l = \lambda d \tag{4-52}$$

式中：$\lambda$——比例系数，并认为是一常数。

此外，爱因斯坦假定泥沙颗粒的交换时间 $t_0$ 与泥沙颗粒在静水中沉降一个粒径的距离所需的时间成正比，即

$$t_0 = a\frac{d}{\omega} \tag{4-53}$$

式中：$a$——比例系数；

$\omega$——沉降速度。

如果假定只是床面最上一层的泥沙颗粒参加运动，则在长度 $l$ 内在单位宽度的河底上的泥沙颗粒数目为

$$n = \frac{l}{\alpha_3 d^2}$$

式中：$\alpha_3 d^2$——颗粒的横断面积。

因此在 $t_0$ 时间内通过任意断面的泥沙颗粒数目为

$$N = \frac{l\varepsilon}{\alpha_3 d^2} \tag{4-54}$$

在单位时间内通过上述断面的泥沙数量(以质量计)为

$$q_s = \frac{N\gamma_s\alpha_1 d^3}{t_0} \tag{4-55}$$

将式(4-51)～式(4-54)代入上式后得

$$q_s = \frac{\lambda\alpha_1}{a\alpha_3}r_s d\omega f\left(\frac{\gamma_s - \gamma}{\gamma}\frac{d}{HJ}\right)$$

此式又可以写成下述形式：

$$\frac{q_s}{\gamma_s\omega d} = \alpha f\left(\frac{\gamma_s - \gamma}{\gamma}\frac{d}{HJ}\right)$$

式中：$\alpha$——综合系数。

根据上式可以引入两个无尺度参变数

$$\left.\begin{aligned}\varphi &= \frac{q_s}{\gamma_s \omega d} \\ \psi &= \frac{\gamma_s - \gamma}{\gamma} \frac{d}{HJ}\end{aligned}\right\} \tag{4-56}$$

因而上式又可写作

$$\varphi = \alpha f(\psi) \tag{4-57}$$

为了确定函数 $f(\psi)$，需要引用试验资料，通过对梅叶-彼德和吉尔伯特试验成果的分析，求得了如下的函数关系（图 4-6）：

$$\varphi = 2.15 e^{-0.391\psi}$$

或者

$$q_s = 2.15 \gamma_s d\omega e^{-0.391\left(\frac{\gamma_s - \gamma}{\gamma} \frac{d}{HJ}\right)} \tag{4-58}$$

这就是爱因斯坦于 1941 年提出的底沙输沙率公式。与试验资料的对比表明，这个公式只适用于较粗颗粒的泥沙。对于粒径小于 1.0 mm 的泥沙，当流速较大时，公式与试验数据有显著偏离。在公式推导过程中有一些假定是需要进一步论证的。例如假定泥沙颗粒的交换时间与粒径和沉降速度的比值成正比这一点带有很大的任意性。由于采取了上述假定，得出了底沙输沙率与沉降速度成反比的结论。同时也应当指出，作为泥沙颗粒的水力特征值，在讨论底沙运动时采用起动流速比采用沉降速度在物理概念上可能更为明确一些。关于跳跃长度与粒径成正比而与水力条件无关这一假定，也需要进一步明确。很难想象，在不同的流速条件下，颗粒的跳跃长度会保持不变。看来，认为流速越大、跳跃长度也越大的假定，与实际现象更接近一些。

在以后的著作中，爱因斯坦对底沙输沙率问题做了进一步的研究。在 1950 年发表的著作中[4]，泥沙颗粒的起动概率不再从试验资料中推求，而是根据水流的脉动规律直接确定。

第 3 章中已经提过，作用于床面颗粒的瞬时上举力为

$$F_y = \lambda_y \alpha_3 d^2 \frac{\rho v_d^2}{2} \tag{4-59}$$

如果把时间平均底流速用坎鲁根公式来表示，则有

$$\bar{v}_d = \sqrt{gHJ}\, 5.75 \lg\left(10.6 \frac{x}{\Delta}\right) \tag{4-60}$$

式中的 $x$ 值，爱因斯坦认为与河底糙率 $\Delta$ 和边界层厚度 $\delta$ 有关 $\left(\delta = \frac{11.6\nu}{v_*}\right)$。当 $\frac{\Delta}{\delta}$ > 1.8 时，$x=0.77\Delta$；当 $\frac{\Delta}{\delta}$ < 1.8 时，$x=1.39\delta$。

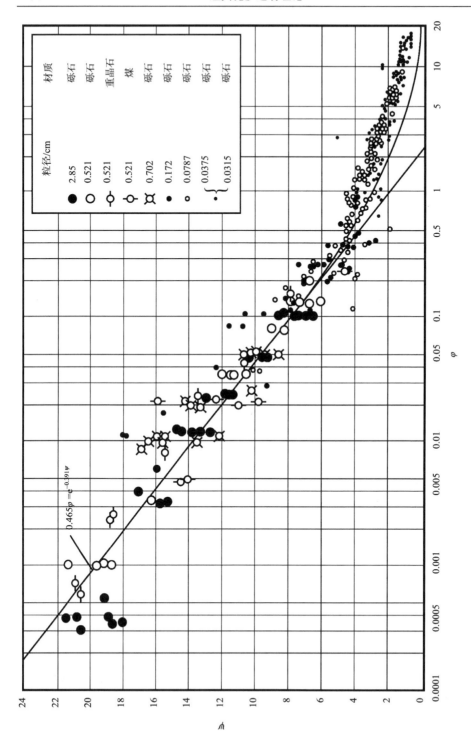

图 4-6 爱因斯坦曲线 (1941 年)

由于在瞬时流速 $v_d$、时间平均流速 $\bar{v}_d$ 及脉动流速 $v_d'$ 间存在着这样的关系：

$$v_d = \bar{v}_d + v_d'$$

因而式(4-59)可以写作

$$F_y = \frac{\lambda_y \alpha_3}{2} 5.75^2 \lg^2 \left( 10.6 \frac{x}{\Delta} \right) \gamma HJd^2 \left( 1 + 2 \frac{v_d'}{\bar{v}_d} + \frac{v_d'^2}{\bar{v}_d^2} \right)$$

其中阻力系数 $\lambda_y$，根据埃尔-赛尼的试验成果，爱因斯坦认为可以取其等于 0.178。

由于颗粒的起动概率 $\varepsilon$ 可以看作是上举力 $F_y$ 超过颗粒重量 $G$ 的概率，因而可以把 $\varepsilon$ 写成 $\dfrac{G}{F_y}$ 小于 1 的概率：

$$1 > \frac{G}{F_y} = \frac{1}{1 + 2\dfrac{v_d'}{\bar{v}_d} + \dfrac{v_d'^2}{\bar{v}_d^2}} \left( \frac{\gamma_s - \gamma}{\gamma} \frac{d}{HJ} \right) \left( \frac{2\alpha_1}{\lambda_y \alpha_3 5.75^2} \right) \frac{1}{\lg^2 \left( 10.6 \dfrac{x}{\Delta} \right)} \tag{4-61}$$

如果令

$$\left. \begin{aligned} \eta &= 2\frac{v_d'}{\bar{v}_d} + \frac{v_d'^2}{\bar{v}_d^2} \\[2mm] \psi &= \frac{\gamma_s - \gamma}{\gamma} \frac{d}{HJ} \\[2mm] \beta &= \frac{2\alpha_1}{\lambda_y \alpha_3 5.75^2 \lg^2 \left( 10.6 \dfrac{x}{\Delta} \right)} \end{aligned} \right\} \tag{4-62}$$

即式(4-61)又可以改写作

$$1 + \eta > \beta\psi \tag{4-63}$$

式中：$\eta$ 是一随时间而变的参变数，它表达水流的不稳定性，随着脉动流速的变化，$\eta$ 值有时可能是负的。爱因斯坦进一步认为 $1+\eta$ 也可能出现负值[①]。由于上举力不论在 $1+\eta$ 为正或为负的条件下都只能是正值，爱因斯坦建议从绝对值的基础上去了解 $1+\eta$ 值。因而把上述不等式写成如下的形式：

$$|1 + \eta| > \beta\psi \tag{4-64}$$

如果令 $\eta_0$ 表示 $\eta$ 值的均方根（即 $\eta_0 = \sqrt{\overline{\eta^2}}$ ），$\eta_*$ 表示 $\eta$ 值的相对变化，则可

---

① $1+\eta$ 值不可能是负的。由式(4-62)第一式知 $1+\eta = 1 + 2\dfrac{v_d'}{\bar{v}_d} + \dfrac{v_d'^2}{\bar{v}_d^2} = \left( 1 + \dfrac{v_d'}{\bar{v}_d} \right)^2$。由此可见，不论 $v_d'$ 值是正还是负，$\left( 1 + \dfrac{v_d'}{\bar{v}_d} \right)^2$ 都只能是正值。因而在 $1+\eta$ 上加写绝对值符号是毫无意义的。

以写出

$$\eta = \eta_0 \eta_*$$

将此值代入式(4-64)，并将两端同除以 $\eta_0$ 则有

$$\left| \frac{1}{\eta_0} + \eta_* \right| > \frac{\beta}{\eta_0} \psi \qquad (4\text{-}65)$$

此式表明，如果 $\frac{1}{\eta_0} + \eta_*$ 是正值，则当此值大于 $\frac{\beta}{\eta_0}\psi$ 时，泥沙颗粒才可能起动。如果 $\frac{1}{\eta_0} + \eta$ 是负值，则当其绝对值大于 $\frac{\beta}{\eta_0}\psi$ 时，泥沙颗粒才可能起动；换句话说，当负值 $\frac{1}{\eta_0} + \eta_*$ 小于 $-\frac{\beta}{\eta_0}\psi$ 时，泥沙颗粒才能起动。因而当 $-\frac{\beta}{\eta_0}\psi < \frac{1}{\eta_0} + \eta_* < \frac{\beta}{\eta_0}\psi$ 时，床面泥沙颗粒不能起动。表示泥沙不能起动的条件也可以改写成下边这样：

$$-\frac{\beta}{\eta_0}\psi - \frac{1}{\eta_0} < \eta_* < \frac{\beta}{\eta_0}\psi - \frac{1}{\eta_0} \qquad (4\text{-}66)$$

由于脉动流速的分布符合高斯正态分布定律，因而脉动值 $\eta_*$ 的分布也可以用高斯定律来确定。由于泥沙起动概率与不动概率之和等于 1，而泥沙不动条件可以由式(4-66)来表示，因而起动概率 $\varepsilon$[①]为

$$\varepsilon = 1 - \frac{1}{\sqrt{2\pi}} \int_{-\frac{\beta\psi}{\eta_0} - \frac{1}{\eta_0}}^{\frac{\beta\psi}{\eta_0} - \frac{1}{\eta_0}} e^{-\frac{z^2}{2}} dz \qquad (4\text{-}67)$$

在实际计算起动概率 $\varepsilon$ 值时，把式(4-67)写成下边这样更为方便一些：

$$\varepsilon = 1 - \frac{1}{\sqrt{2\pi}} \int_0^{\frac{\beta\psi+1}{\eta_0}} e^{-\frac{z^2}{2}} dz - \frac{1}{\sqrt{2\pi}} \int_0^{\frac{\beta\psi-1}{\eta_0}} e^{-\frac{z^2}{2}} dz$$

或者

$$\varepsilon = 1 - \varphi\left(\frac{\beta\psi+1}{\eta_0}\right) - \varphi\left(\frac{\beta\psi-1}{\eta_0}\right) \qquad (4\text{-}68)$$

式中函数 $\varphi\left(\dfrac{\beta\psi+1}{\eta_0}\right)$ 和 $\varphi\left(\dfrac{\beta\psi-1}{\eta_0}\right)$ 可以从概率积分表中查得具体数值。

由于 $\varepsilon$ 是表示床面任何一点在 $t_0$ 时间内颗粒能够跳起的时间占总时间 $t_0$ 的分

---

① 在前页注解中已经提到，$1+\eta$ 值不可能是负的，因而泥沙颗粒的起动条件似乎应为 $1+\eta > \beta\psi$ 或 $\dfrac{1}{\eta_0} + \eta_* > \dfrac{\beta\psi}{\eta_0}$ 或 $\eta_* > \dfrac{\beta\psi}{\eta_0} - \dfrac{1}{\eta_0}$，而起动概率似乎应为 $\varepsilon = \dfrac{1}{\sqrt{2\pi}} \int_{\frac{\beta\psi}{\eta_0} - \frac{1}{\eta_0}}^{\infty} e^{-\frac{z^2}{2}} dz = \dfrac{1}{2} - \dfrac{1}{\sqrt{2\pi}} \int_0^{\frac{\beta\psi}{\eta_0} - \frac{1}{\eta_0}} e^{-\frac{z^2}{2}} dz$。

数，而床面上各点在统计上又没有什么不同，因而起动概率 $\varepsilon$ 又可以理解为在 $t_0$ 时间内床面上颗粒能够跳起的部分占床面颗粒总数的分数。根据这种对起动概率的理解，爱因斯坦重新讨论了跳跃长度的问题。如果 $\varepsilon$ 值很小，泥沙几乎在床面任何地方都可能沉降。爱因斯坦认为式(4-52)中的 $\lambda$ 仍为一常值(用 $\lambda_0$ 表示)，其值约等于 100。如果 $\varepsilon$ 值不小，则需要考虑床面中有 $\varepsilon$ 部分泥沙不可能发生降落，因为当地的上举力超过了泥沙在水里的重量。在这种情况下，爱因斯坦认为 $\lambda$ 为一与起动概率有关的变值。如果在前边的情况下，泥沙颗粒行进 $\lambda_0 d$ 距离后几乎全部下沉，则在后边的情况下有一部分泥沙颗粒在行进 $\lambda_0 d$ 距离后不能下沉。如果泥沙总数为 1，则在行进 $\lambda_0 d$ 距离后有 $(1-\varepsilon)$ 颗泥沙下沉，其中 $\varepsilon$ 颗泥沙不能下沉，并继续运动。当这 $\varepsilon$ 颗泥沙又走过 $\lambda_0 d$ 距离后，即从起始断面走过 $2\lambda_0 d$ 后，又有 $(1-\varepsilon)$ 部分颗粒沉降下来，而 $\varepsilon$ 个颗粒中的 $\varepsilon$ 个又没有沉落下来。因而继续行进的泥沙颗粒数目为 $\varepsilon^2$。从这 $\varepsilon^2$ 个颗粒中行进了 $3\lambda_0 d$ 后，又有 $(1-\varepsilon)$ 部分[即 $\varepsilon^2(1-\varepsilon)$ 个]颗粒沉降，$\varepsilon$ 部分仍继续前进，因而这时保持继续运动的泥沙数目为 $\varepsilon^3$。其余如此类推。如果把各个泥沙颗粒沉降以前所行进的距离加权平均起来，则可得到泥沙颗粒的平均跳跃长度：

$$
\begin{aligned}
l &= (1-\varepsilon)\lambda_0 d + \varepsilon(1-\varepsilon)2\lambda_0 d + \varepsilon^2(1-\varepsilon)3\lambda_0 d + \varepsilon^3(1-\varepsilon)4\lambda_0 d + \cdots \\
&\quad + \varepsilon^n(1-\varepsilon)(n+1)\lambda_0 d \\
&= \sum_{n=0}^{\infty} \varepsilon^n(1-\varepsilon)(n+1)\lambda_0 d \\
&= \frac{\lambda_0 d}{1-\varepsilon}
\end{aligned}
\tag{4-69}
$$

将式(4-53)、式(4-54)、式(4-69)代入式(4-55)得

$$
q_s = \frac{\alpha_1 \lambda_0}{\alpha_3 a} \gamma_s d\omega \frac{\varepsilon}{1-\varepsilon}
\tag{4-70}
$$

如果令

$$
\left.
\begin{aligned}
\frac{\alpha_1 \lambda_0}{\alpha_3 a} &= \frac{1}{A_0} \\
\frac{q_s}{\gamma_s d\omega} &= \varphi
\end{aligned}
\right\}
\tag{4-71}
$$

则式(4-70)可以写作

$$
A_0\varphi = \frac{\varepsilon}{1-\varepsilon}
$$

或

$$\varepsilon = \frac{A_0 \varphi}{1 + A_0 \varphi} \qquad (4\text{-}72)$$

将式(4-67)代入式(4-72)即可得到 1950 年爱因斯坦给出的推移质公式[①]

$$1 - \frac{1}{\sqrt{2\pi}} \int_{-\frac{\beta\psi+1}{\eta_0}}^{\frac{\beta\psi-1}{\eta_0}} e^{-\frac{z^2}{2}} \mathrm{d}z = \frac{A_0 \varphi}{1 + A_0 \varphi} \qquad (4\text{-}73)$$

正如推导过程所表明的那样，直接应用这个公式，在计算上是相当麻烦的。但是在一般常见情况下，爱因斯坦认为可以取 $\eta_0 = \frac{1}{2}$，$\beta = 0.0715$ 和 $A_0 = 43.5$，并根据这些数值绘成了参数 $\psi$ 和 $\varphi$ 间的关系曲线（图 4-6）。利用这条曲线，在已知参数 $\psi$ 的条件下，很容易就可求得 $\varphi$ 值，然后再根据式(4-71)中第二式的关系，就可以求出底沙输沙率。

爱因斯坦曾用两组试验资料对公式(4-73)进行了验证（见图 4-7 中的点据）。一组是爱因斯坦自己的试验数据，平均粒径为 27 mm，另一组是吉尔伯特的试验资料，平均粒径为 0.785 mm。从图 4-7 中可以看到，试验数据与理论曲线是一致的。然而当用更多的试验资料（如吉尔伯特的其他组次试验资料、岗恰洛夫的试验资料等）对此公式进行验证时，可以看到，公式并不能满意地概括这些试验成果。如果把公式(4-73)与式(4-58)相比，则可以看到，前者较后者在理论上更为严密和完整。但也有一些问题值得进一步研究，例如前边提到的关于交换时间的假定以及跳跃长度（在低流速条件下与水流条件无关）的假定都还没有得到进一步的论证。至于在确定起动概率时所采用的积分上下限的问题，正如注解中所说明的那样，也需要作进一步的明确。

### 4.5.2 维利卡诺夫公式

维利卡诺夫在研究底沙运动问题时，也应用了统计理论中的一些基本概念。与爱因斯坦不同之处首先在于，维利卡诺夫没有对颗粒的跳跃长度作出任何假定，而是引入了两个概率。一个是起动概率，即在所讨论的时间间隔 $t_0$ 内任意一个床面颗粒将要被水流冲起而运动的概率。另一个是不沉降概率，即从床面已经跳起的泥沙在 $t_0$ 时间内不再沉降下来的概率。在推求这两个概率时，维利卡诺夫是从脉动流速（纵向和竖向）符合高斯正态分布这一业经试验证实了的概念出发的。

---

① 在爱因斯坦原著中还讨论了如何通过一系列的校正系数来考虑泥沙粒径的不均匀性以及层流边界层对细颗粒泥沙的影响等，限于篇幅，此处从略。

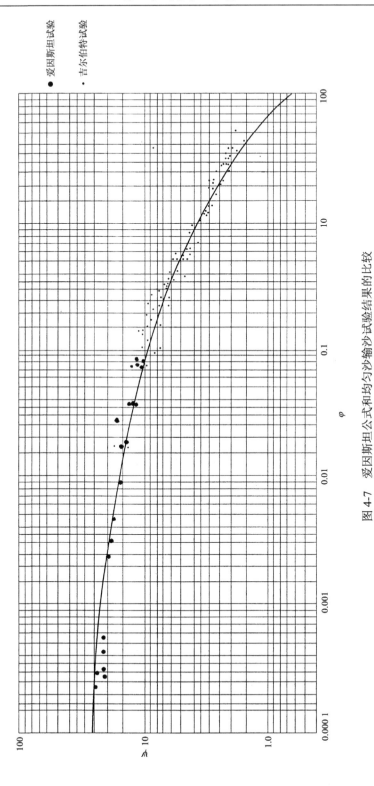

图 4-7 爱因斯坦公式和均匀输沙试验结果的比较

如果用 $v_{d,k}$ 表示泥沙颗粒开始发生跳动时的流速，则不难理解，当瞬时流速超过 $v_{d,k}$ 以后，泥沙颗粒就将起动。因而 $\varepsilon$ 值可由下列积分求得

$$\varepsilon = \frac{1}{\sqrt{2\pi}\sigma_x} \int_{v_{d,k}}^{\infty} e^{-\frac{(v_x - \bar{v}_x)^2}{2\sigma_x^2}} \, \mathrm{d}v_x \tag{4-74}$$

式中：$\sigma_x$——纵向脉动流速均方根（$\sigma_x = \sqrt{\overline{v_x'^2}}$）。

如果令 $\dfrac{v_x - \bar{v}_x}{\sigma_x} = z$，则有

$$\varepsilon = \frac{1}{\sqrt{2\pi}} \int_{\frac{v_{d,k} - \bar{v}_x}{\sigma_x}}^{\infty} e^{-\frac{z^2}{2}} \, \mathrm{d}z = \frac{1}{\sqrt{2\pi}} \int_0^{\infty} e^{-\frac{z^2}{2}} \mathrm{d}z - \frac{1}{\sqrt{2\pi}} \int_0^{\frac{v_{d,k} - \bar{v}_x}{\sigma_x}} e^{-\frac{z^2}{2}} \, \mathrm{d}z$$

由于

$$\frac{1}{\sqrt{2\pi}} \int_0^{\infty} e^{-\frac{z^2}{2}} \, \mathrm{d}z = \frac{1}{2}$$

$$\frac{1}{\sqrt{2\pi}} \int_0^{\frac{v_{d,k} - \bar{v}_x}{\sigma_x}} e^{-\frac{z^2}{2}} \, \mathrm{d}z = \phi\left(\frac{v_{d,k} - \bar{v}_x}{\sigma_x}\right)$$

因而起动概率可由下式来确定：

$$\varepsilon = \frac{1}{2} - \phi\left(\frac{v_{d,k} - \bar{v}_x}{\sigma_x}\right) \tag{4-75}$$

式中：函数 $\phi$ 中可以根据参变数 $\dfrac{v_{d,k} - \bar{v}_x}{\sigma_x}$ 值由概率积分表中查得。

维利卡诺夫认为颗粒的不沉降概率 $\beta$ 可以看作是竖向脉动流速 $v_y'$ 超过沉降速度 $\omega$ 的概率，因而有

$$\beta = \frac{1}{\sqrt{2\pi}\sigma_y} \int_{\omega}^{\infty} e^{-\frac{v_y'^2}{2\sigma_y^2}} \, \mathrm{d}v_y' \tag{4-76}$$

如果令 $\dfrac{v_y'}{\sigma_y} = z$，则经过类似前边的推导可以写出

$$\beta = \frac{1}{2} - \varphi\left(\frac{\omega}{\sigma_y}\right) \tag{4-77}$$

现在来讨论泥沙的推移数量。如果把水流分成若干段，并令每一段的长度 $l_0$ 为 $v_d t_0$，则在 $t_0$ 时间内由河床冲起的泥沙数量可以看作是 $l_0$ 段内河底表层的泥沙颗粒数目 $n_0$ 与起动概率 $\varepsilon$ 的乘积，即 $n_0\varepsilon$ 跳起的颗粒在 $l_0$ 长度内的不沉降概率为 $\beta$，因而有 $n_0\varepsilon(1-\beta)$ 的泥沙沉降于长度为 $l_0$ 的河段内，而只有 $n_0\varepsilon\beta$ 颗沙粒继续运

动。在这些颗粒中通过 $2l_0$ 而仍不沉降的泥沙数目为 $n_0\varepsilon\cdot\beta\cdot\beta=n_0\varepsilon\cdot\beta^2$。同理，通过距离为 $3l_0$ 的河段而不沉降的数目为 $n_0\varepsilon\beta^3$，通过距离为 $4l_0$ 的河段而不沉降的颗粒数目为 $n_0\varepsilon\beta^4$，以此类推。由此可知，通过某一计算断面的颗粒数目 $N$ 为

$$N = n_0\varepsilon\beta + n_0\varepsilon\beta^2 + n_0\varepsilon\beta^3 + \cdots = \frac{n_0\varepsilon\beta}{1-\beta} \tag{4-78}$$

很明显上式中的 $n_0$ 可以由下式来确定：

$$n_0 = \frac{l_0}{\alpha_3 d^2} \tag{4-79}$$

这样，单位时间内通过上述计算断面的泥沙颗粒数量为

$$q_s = \frac{\alpha_1 d^3 \gamma_s}{\alpha_3 d^2} \frac{l_0}{t_0} \frac{\varepsilon\beta}{1-\beta} = \frac{\alpha_1}{\alpha_3} \gamma_s d\overline{v}_d \frac{\varepsilon\beta}{1-\beta} \tag{4-80}$$

其中假定 $\dfrac{l_0}{t_0} = \overline{v}_d$。

这就是维利卡诺夫根据统计分析而得到的底沙输沙率公式。很明显，为了使这个公式变为计算公式，需要知道 $v_{d,k}$、$\sigma_x$、$\sigma_y$ 等参数。维利卡诺夫认为在水槽条件下可以取 $\sigma_x=1.96v_*$，$\sigma_y=1.07v_*$ 以及可以用他自己的经验公式来确定起动流速 $v_{d,k}$。然而应当指出，在式(4-74)中的 $v_{d,k}$ 是相当于泥沙颗粒起动时的瞬时作用流速，因而不能直接引用相应于时间平均流速的起动流速数值。

从上边的推导可以看到，论述是比较严密的。然而与室内底沙试验资料的比较却表明，公式与实测数据有着明显的分歧。这似乎说明，在公式推导过程中对物理现象的考虑还不够全面(例如没有具体考虑颗粒的跳跃长度等)，所用参数的具体数值还不够可靠。由于公式与试验数据不能符合，维利卡诺夫也只认为公式(4-80)是一个结构式，并且指出，为了实际运用这个公式还需要作很多补充研究。

### 4.5.3　卡林斯基公式

在结束介绍应用统计分析途径研究底沙运动的著作之前，需要提一下卡林斯基的理论研究成果。虽然这位学者在讨论过程中并没有直接采用概率的概念，但考虑了流速的脉动性质及其统计分配规律。

卡林斯基与前述两位学者不同，认为底沙主要是以滑动或滚动形式沿河底运动的，而跳跃则只是极其个别的情况。因而在讨论底沙输沙率时，采用了与式(4-35)相似的方程式

$$q_s = \frac{2}{3} m_0 \gamma_s d\overline{v}_s \tag{4-81}$$

式中：$m_0$——泥沙颗粒的密实系数，根据怀特的试验取其等于 0.35；

$\bar{v}_s$——表层泥沙颗粒的平均运移速度。

如果把上式写作无尺度形式则有

$$\frac{q_s}{m_0 \gamma_s d \bar{v}_d} = \frac{2}{3} \frac{\bar{v}_s}{\bar{v}_d} \tag{4-81a}$$

考虑到时间平均底流速与动力流速 $v_*$ 存在着正比关系，卡林斯基认为上式还可以写作

$$\frac{q_s}{m_0 \gamma_s d v_*} = 7.3 \frac{\bar{v}_s}{\bar{v}_d} \tag{4-81b}$$

其中取 $\bar{v}_d \approx 11 v_*$。

卡林斯基认为，泥沙颗粒的瞬时速度可以用式(4-37)的形式来表示

$$v_s = v_d - v_{d,k} \tag{4-82}$$

式中：$v_d$——瞬时底流速。

当瞬时底流速超过保持颗粒稳定的临界流速后，颗粒就开始移动，因而颗粒的平均运移速度应由下式来确定：

$$\bar{v}_s = \int_{v_{d,k}}^{\infty} (v_d - v_{d,k}) \frac{1}{\sqrt{2\pi}\sigma_x} e^{-\frac{1}{2} \frac{(v_d - \bar{v}_d)^2}{\sigma_x^2}} \, \mathrm{d}v_d$$

由于 $v_d = \bar{v}_d + v'_d$，上式可以改写作

$$\bar{v}_s = \int_{v_{d,k}}^{\infty} \frac{v'_d}{\sqrt{2\pi}\sigma_x} e^{-\frac{1}{2} \frac{(v_d - \bar{v}_d)^2}{\sigma_x^2}} \, \mathrm{d}v_d + \int_{v_{d,k}}^{\infty} (\bar{v}_d - v_{d,k}) \frac{1}{\sqrt{2\pi}\sigma_x} e^{-\frac{1}{2} \frac{(v_d - \bar{v}_d)^2}{\sigma_x^2}} \, \mathrm{d}v_d$$

积分后得

$$\bar{v}_s = \frac{\sigma_x}{\sqrt{2\pi}} e^{-\frac{1}{2} \left( \frac{v_{d,k} - \bar{v}_d}{\sigma_x} \right)^2} + (\bar{v}_d - v_{d,k}) \left[ \frac{1}{2} - \phi \left( \frac{v_{d,k} - \bar{v}_d}{\sigma_x} \right) \right] \tag{4-83}$$

式中：函数 $\phi$ 可以按照 $\dfrac{v_{d,k} - \bar{v}_d}{\sigma_x}$ 值从概率积分表中求得。

根据试验资料，卡林斯基认为可以取流速均方根 $\sigma_x = \dfrac{1}{4} \bar{v}_d$，因而上式左右两端除以 $\bar{v}_d$ 后具有如下形式：

$$\frac{\bar{v}_s}{\bar{v}_d} = \frac{1}{4\sqrt{2\pi}} e^{-8 \left( \frac{v_{d,k}}{\bar{v}_d} - 1 \right)^2} + \left( 1 - \frac{v_{d,k}}{\bar{v}_d} \right) \left[ \frac{1}{2} - \phi \left( 4 \frac{v_{d,k} - \bar{v}_d}{\bar{v}_d} \right) \right] \tag{4-84}$$

此式表明，比值 $\dfrac{\bar{v}_s}{\bar{v}_d}$ 是相对流速 $\dfrac{\overline{v_{d,k}}}{\bar{v}_d}$ 的函数。卡林斯基认为后者可以写作

$\sqrt{\dfrac{\tau_0}{\tau}}$，因而比值 $\dfrac{\overline{v_s}}{v_d}$ 也是相对切应力的函数；这里 $\tau_0$ 是泥沙处于起动状态时的临

界推移力，即河底切应力。因而当用函数 $f\left(\dfrac{\tau_0}{\tau}\right)$ 来表示式(4-84)之右端时，公式

(4-81b)具有如下形式：

$$\frac{q_s}{m_0\gamma_s dv_*} = 7.3 f\left(\frac{\tau_0}{\tau}\right) \tag{4-85}$$

此式与试验资料的比较情况见图4-8。

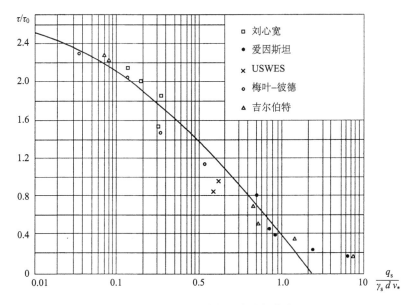

图4-8  卡林斯基底沙输沙率曲线

从图中可以看到，所引用的点据(包括梅叶-彼德、吉尔伯特等室内试验数据及爱因斯坦搜集的河流资料)与公式是一致的。然而当用更多的试验资料(如岗恰洛夫等的数据或吉尔伯特的其他未引用的数据)验证这个公式时，点据比较分散，并且在输沙较强时计算值系统偏低，这种情况的出现可能与采用的理论图案没有能够全面地概括底沙运动机制有关。

## 4.6  底沙运动的综合分析

前边几节介绍了有关底沙运动的一些研究成果，从这些章节中可以看到，不同学者从不同角度应用不同的分析方法对底沙的输移规律进行了研究，获得了一

定成果。然而由于现象复杂，各家学者所得到的公式还有很大分歧。从对各家著作的分析中可以看到，各家均有所长，但也还都有一定的缺欠，因而在前人的基础上取长补短对底沙运动机制进行综合分析是非常必要的。应当指出，泥沙颗粒在河流中的运动是一个统计力学问题，应用数学统计理论无疑应当成为研究底沙的基本途径。

### 4.6.1　泥沙颗粒的起动概率

在时间平均流速不太大时，床面上的泥沙颗粒，由于受到的水流作用力常常小于保持其稳定的力而处于静止状态。只有在某个颗粒的周围出现了较大的脉动流速时，由于瞬时作用力超过了保持颗粒稳定的力，这个颗粒才发生移动。在 $T_0$ 时段内，在一个颗粒周围能够出现大于使其发生移动的作用力的时间与总时间 $T_0$ 的比值，表示这个颗粒在 $T_0$ 时间内发生移动的可能性，此值可以称作泥沙颗粒的起动概率。由于床面上的泥沙颗粒从统计观点来看并没有什么不同，因而在一定的水力条件下，床面上的各个颗粒的起动概率也就没有什么不同。如果在 $T_0$ 时段内不是观察某个颗粒周围出现大于保持其稳定的力的时间，而是观察一片床面泥沙颗粒的起动情况，那么就可以把起动概率理解为在 $T_0$ 时间内床面上发生移动的泥沙颗粒数目与观察面积内床面上总颗粒数目的比值。这个比值的大小完全取决于较大瞬时流速的出现情况，可以概括地说，凡是出现瞬时流速大于颗粒用瞬时流速表示的起动流速 $v_{d,k}$ 时，颗粒就将发生移动。由于脉动流速的出现情况符合高斯正态分布定律，故床面泥沙颗粒的起动概率 $\varepsilon$ 可由下式求得

$$
\begin{aligned}
\varepsilon &= \frac{1}{\sqrt{2\pi}\sigma_x} \int_{v_{d,k}}^{\infty} e^{-\frac{1}{2}\left(\frac{v_d - \bar{v}_d}{\sigma_x}\right)^2} \mathrm{d}v_d \\
&= \frac{1}{\sqrt{2\pi}\sigma_x} \int_{0}^{\infty} e^{-\frac{1}{2}\left(\frac{v_d - \bar{v}_d}{\sigma_x}\right)^2} \mathrm{d}v_d - \frac{1}{\sqrt{2\pi}\sigma_x} \int_{0}^{v_{d,k}} e^{-\frac{1}{2}\left(\frac{v_d - \bar{v}_d}{\sigma_x}\right)^2} \mathrm{d}v_d \\
&= \frac{1}{2} - \phi\left(\frac{v_{d,k} - \bar{v}_d}{\sigma_x}\right)
\end{aligned}
\tag{4-86}
$$

式中：$\sigma_x$——纵向脉动流速均方根 $\left(=\sqrt{\overline{v_x'^2}}\,\right)$；

$\phi\left(\dfrac{v_{d,k} - \bar{v}_d}{\sigma_x}\right)$——概率函数，其值可以根据参变数 $\dfrac{v_{d,k} - \bar{v}_d}{\sigma_x}$ 由概率积分表中查得。

由于脉动流速的实测资料还较少，难以给出 $\sigma_x$ 的准确数值。笔者根据仅有的一些水槽试验资料所进行的理论概括说明[18]，作为一种近似可以取 $\sigma_x \approx 0.37\bar{v}_d$。将此值代入式(4-86)可以写出

$$\varepsilon = \frac{1}{2} - \phi\left(2.7\frac{v_{d,k} - \overline{v}_d}{\overline{v}_d}\right) \tag{4-86a}$$

当 $\dfrac{v_{d,k} - \overline{v}_d}{\overline{v}_d}$ 为负值时，函数 $\phi$ 亦为负值。因而上式又可写作

$$\varepsilon = \frac{1}{2} + \phi\left(2.7\frac{\overline{v}_d - v_{d,k}}{\overline{v}_d}\right) \tag{4-86b}$$

故当 $v_{d,k} > \overline{v}_d$ 时，起动概率可以按照式(4-86a)确定；当 $v_{d,k} < \overline{v}_d$ 时，可以按照式(4-86b)确定。$\varepsilon$ 与 $\dfrac{v_{d,k}}{\overline{v}_d}$ 之关系绘于图4-9。

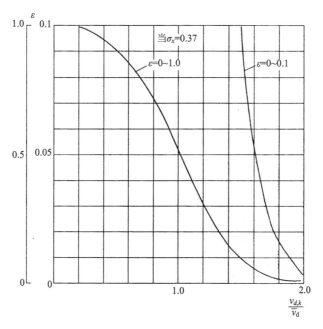

图4-9　泥沙颗粒的起动概率

### 4.6.2　作用于起动颗粒上瞬时流速的平均值

前边已经指出，当在床面上某颗粒周围出现大于起动流速的瞬时流速时，颗粒就将起动。因此，凡是发生移动的颗粒在起动前所遭受的瞬时流速都大于起动流速，作用在一些颗粒上的瞬时流速可能略大于起动流速，作用在另一些颗粒上的瞬时流速可能远远大于起动流速，因而作用在发生起动的颗粒上的瞬时流速的平均值(以下简称作用流速)必将大于起动流速。如果用 $v_f$ 表示作用流速，则此值可由下式确定：

$$v_f = \frac{\dfrac{1}{\sqrt{2\pi}\sigma_x} \displaystyle\int_{v_{d,k}}^{\infty} v_d e^{-\frac{1}{2}\left(\frac{v_d - \bar{v}_d}{\sigma_x}\right)^2} \mathrm{d}v_d}{\dfrac{1}{\sqrt{2\pi}\sigma_x} \displaystyle\int_{v_{d,k}}^{\infty} e^{-\frac{1}{2}\left(\frac{v_d - \bar{v}_d}{\sigma_x}\right)^2} \mathrm{d}v_d}$$

$$= \bar{v}_d \left[ 1 + \frac{\dfrac{2\sigma_x}{\sqrt{2\pi}\bar{v}_d} e^{-\frac{1}{2}\left(\frac{v_{d,k} - \bar{v}_d}{\sigma_x}\right)}}{\dfrac{1}{2} - \phi\left(\dfrac{v_{d,k} - \bar{v}_d}{\sigma_x}\right)} \right] \tag{4-87}$$

考虑到前述 $\sigma_x$ 与 $\bar{v}_d$ 之关系，上式又可写作

$$v_f = \bar{v}_d \left[ 1 + \frac{\dfrac{0.74}{\sqrt{2\pi}} e^{-\frac{1}{2}\left(2.7\frac{v_{d,k} - \bar{v}_d}{\bar{v}_d}\right)^2}}{\dfrac{1}{2} - \phi\left(2.7\dfrac{v_{d,k} - \bar{v}_d}{\bar{v}_d}\right)} \right] \tag{4-87a}$$

由于上式右边方括号内的值只与 $\dfrac{v_{d,k}}{\bar{v}_d}$ 有关，因而可以按照这个公式给出 $\dfrac{v_f}{\bar{v}_d}$

与 $\dfrac{v_{d,k}}{\bar{v}_d}$ 之间的关系(图 4-10)，利用此图很容易就可求得作用流速 $v_f$。

### 4.6.3　泥沙颗粒的跳动规律

　　已有不少学者(如岗恰洛夫[46]、叶吉阿扎罗夫[27]、亚林[72]等)对泥沙颗粒的跳动问题作过理论分析，然而这些学者都是从时间平均水流对颗粒的作用出发，没有仔细考虑水流脉动的影响。同时也没有考虑到，在颗粒相互阻挡条件下，正面推力也会产生一个使泥沙颗粒向上运动的竖向分力，即相当于拜格诺的离散力。由于这些原因，上述学者导得的结果与实际跳动情况有较大偏离。

　　试验表明，床面上的泥沙颗粒在正面推力和上举力作用下先行滚动，并在惯性力影响下脱离床面而跳跃一段距离，其后或者立即停落于床面，或者做微小的跳动或滚动后停于床面。因而可以采取如下的简化图案：在由上举力和正面推力引起的向上分力(相当于拜格诺的离散力)的共同作用下，颗粒在垂直方向上发生位移(水平方向上的位移忽略不计)，并当向上升起一个粒径的高度后，由于水流对颗粒的环绕已趋于对称，上举力因而消失，又由于前边已无其他颗粒阻挡，由正面推力而引起的向上分力也不复存在。这时颗粒在惯性力的作用下继续上升，并在正面推力作用下向前移动。当惯性力被重力和阻力完全克服时，上升速度将

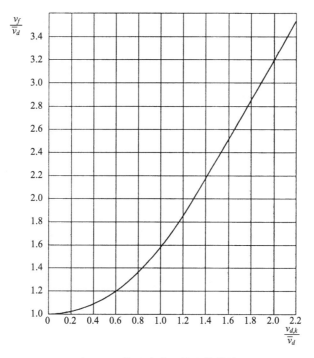

图 4-10 作用流速 $v_f$ 的计算曲线

为零，颗粒达到最高点，其后颗粒在重力作用下逐渐加速下沉，直到与床面接触时为止，这时跳跃即告完成。由于底沙中一般颗粒较粗，因而绕流一般均处于阻力平方区，阻力系数为一常值。对于粒径较小的颗粒，虽然绕流可能处于过渡区或层流区，但由于许多重要参数都还没有研究清楚，只好近似地引用较粗颗粒的讨论结果。正如下边引用的资料所将表明的那样，作这种近似是可以的，并不会造成很大的误差。可以指出，即使对较细颗粒泥沙采取另外考虑，也难于使导得的公式在精度方面有显著提高。

正如前述，促使泥沙颗粒向上移动的力有上举力 $F_y$ 和由于颗粒间相互阻挡而引起的正面推力的垂直向上分力 $F_{ye}$，其值可分别由下述公式确定：

$$F_y = \lambda_y \alpha_3 d^3 \frac{\rho v_d^2}{2} \tag{4-88}$$

$$F_{ye} = \frac{l_1}{l_3} \lambda_x \alpha_2 d^2 \frac{\rho v_d^2}{2} \tag{4-89}$$

式中各符号与第 3 章中所使用的各符号相同，其中：

$\lambda_x$、$\lambda_y$——分别为正面推力和上举力的阻力系数；

$\alpha_2$、$\alpha_3$——颗粒的形状系数；

$l_1$、$l_3$——泥沙颗粒发生滚动时正面推力和重力的力臂。

颗粒在向上运动过程中的阻力可由下式来表示：

$$F_f = \lambda_f \alpha_4 d^2 \frac{\rho u_y^2}{2} \tag{4-90}$$

式中：$\lambda$——阻力系数；

$a_4$——形状系数，考虑到泥沙颗粒在运动过程中可能发生转动，取其等于$\frac{\pi}{4}$；

$u_y$——泥沙颗粒的垂向分速。

泥沙颗粒在水中的重量 $G$ 可由下式确定：

$$G = (\rho_s - \rho) g \alpha_1 d^3 \tag{4-91}$$

式中：$\rho_s$——泥沙颗粒的密度；

$g$——重力加速度。

根据达朗贝尔原理，可以写出泥沙颗粒在竖向上的运动方程式

$$m \frac{\mathrm{d}u_y}{\mathrm{d}t} = F_y + F_{ye} - G - F_f \tag{4-92}$$

式中：$m$——泥沙颗粒在水中的质量，其值为 $G/g$。

在讨论条件下，上式左边的加速度又可写作[①]

$$\frac{\mathrm{d}u_y}{\mathrm{d}t} = u_y \frac{\mathrm{d}u_y}{\mathrm{d}y} = \frac{1}{2} \frac{\mathrm{d}u_y^2}{\mathrm{d}y} \tag{4-93}$$

将各有关值代入式(4-92)，经过化简可以写出

$$\frac{\mathrm{d}u_y^2}{\mathrm{d}y} = -\frac{\lambda_f \alpha_4}{\alpha_1} \frac{\rho}{\rho_s - \rho} \frac{u_y^2}{d} + \frac{\lambda_f \alpha_3}{\alpha_1} \frac{\rho}{\rho_s - \rho} \frac{v_d^2}{d} + \frac{\lambda_x \alpha_2 l_1}{\alpha_1 l_3} \frac{\rho}{\rho_s - \rho} \frac{v_d^2}{d} - 2g \tag{4-94}$$

虽然流速在河底附近随着 $y$ 轴的变化而显著变化，但由于跳跃高度一般不大，作为一种近似，在求解泥沙颗粒的跳跃规律时不考虑 $v_d$ 的变化，即在积分式(4-94)时把 $v_d$ 看作常值。可以指出，如果按照一般流速分布公式来考虑流速的变化，则式(4-94)很难获解。在采用上述近似条件下，将式(4-94)积分后得到

$$u_y^2 - \left( \frac{\lambda_y \alpha_3}{\lambda_f \alpha_4} + \frac{\lambda_x \alpha_2 l_1}{\lambda_f \alpha_4 l_3} \right) v_d^2 + 2 \frac{\alpha_1}{\lambda_f \alpha_4} \frac{\rho_s - \rho}{\rho} gd = c \mathrm{e}^{-\frac{\alpha_4 \lambda_f}{\alpha_1} \frac{\rho}{\rho_s - \rho} \frac{y}{d}} \tag{4-95}$$

由边界条件知，当 $y=0$ 时，$u_y=0$，故得

$$c = -\left( \frac{\lambda_y \alpha_3}{\lambda_f \alpha_4} + \frac{\lambda_x \alpha_2 l_1}{\lambda_f \alpha_4 l_3} \right) v_d^2 + 2 \frac{\alpha_1}{\lambda_f \alpha_4} \frac{\rho_s - \rho}{\rho} gd \tag{4-96}$$

---

① 本节中的 $y$ 轴竖直向上，其原点位于床面上。

由第 3 章知，止动流速 $v_{d,0}$ 为

$$v_{d,0} = \sqrt{\frac{2\alpha_1 l_3}{\alpha_2 l_1 \lambda_x + \alpha_3 l_3 \lambda_y} \frac{\rho_s - \rho}{\rho} gd} = 2.24 \sqrt{\frac{\rho_s - \rho}{\rho} gd} \qquad (4\text{-}97)$$

因而又可写作

$$c = -\left(\frac{\lambda_y \alpha_3}{\lambda_f \alpha_4} + \frac{\lambda_x \alpha_2 l_1}{\lambda_f \alpha_4 l_3}\right)(v_d^2 - v_{d,0}^2) \qquad (4\text{-}97a)$$

将 $c$ 值代入式 (4-95) 并考虑到式 (4-97) 的关系，得到

$$u_y = \sqrt{\left(\frac{\lambda_y \alpha_3}{\lambda_f \alpha_4} + \frac{\lambda_x \alpha_2 l_1}{\lambda_f \alpha_4 l_3}\right)(v_d^2 - v_{d,0}^2)(1 - e^{\frac{\alpha_4 \lambda_f}{\alpha_1} \frac{\rho}{\rho_s - \rho} \frac{y}{d}})} \qquad (4\text{-}98)$$

在第 3 章中已经指出，可以近似地取 $\lambda_y = 0.1$，$\lambda_x = 0.4$，$\alpha_1 = \dfrac{\pi}{6}$，$\alpha_2 = \dfrac{\pi}{6}$，$\alpha_3 = \dfrac{9\pi}{24}$，

$l_1 = \dfrac{d}{3}$，$l_3 = \dfrac{9d}{12}$。在第 2 章中讨论较粗泥沙颗粒在静水中均匀运动的阻力问题时

曾经得到，当把泥沙颗粒近似看作球体，即取其横断面积的形状系数为 $\dfrac{\pi}{4}$ 时，阻

力系数为 1.2。本章中所讨论的泥沙颗粒在水流中的运动虽然并不是均匀运动，但

由于由加速或减速所引起的阻力变化规律目前还未掌握，只好近似地引用均匀运

动时的阻力系数，即取 $\lambda_f = 1.2$，$\alpha_4 = \dfrac{\pi}{4}$。

将上述各数值代入式 (4-98) 并考虑到一般河流泥沙的密度 $\rho_s \approx 2.65 \text{ g/cm}^3$，可

以写出

$$u_y = 0.473 \sqrt{(v_d^2 - v_{d,0}^2)(1 - e^{-1.09 \frac{y}{d}})} \qquad (4\text{-}98a)$$

前边已经提过，当颗粒上升到距床面一个粒径时，即 $y = d$ 时，作用力将消失，

因而 $y = d$ 点的上升速度最大。由上式可知，此点的上升速度为

$$(u_y)_{max} = 0.385 \sqrt{v_d^2 - v_{d,0}^2} \qquad (4\text{-}99)$$

泥沙颗粒以这样大的速度离开床面，其后由于受到重力和阻力的阻碍，速度

逐渐减小。速度的这种变化可由下述方程式求得

$$m \frac{du_y}{dt} = -G - F_f \qquad (4\text{-}100)$$

将各有关值代入上式后，经过简单演算又可得到

$$\frac{du_y^2}{dy} = -\frac{\lambda_f \alpha_4}{\alpha_1 \dfrac{\rho_s - \rho}{\rho} d}\left(u_y^2 + 2\frac{\alpha_1 \dfrac{\rho_s - \rho}{\rho} gd}{\lambda_f \alpha_4}\right)$$

此式积分后具有如下形式：

$$u_y^2 + \frac{2\alpha_1}{\alpha_4 \lambda_f} \frac{\rho_s - \rho}{\rho} gd = c_1 \mathrm{e}^{-\frac{\lambda_f \alpha_4}{\alpha_1} \frac{\rho}{\rho_s - \rho} \frac{y}{d}} \quad (4\text{-}101)$$

式中：$c_1$——积分常数。

由边界条件当 $y=d$ 时，$u_y=(u_y)_{\max}$ 求得积分常数如下：

$$c_1 = \left( u_{y,\max}^2 + \frac{2\alpha_1}{\alpha_4 \lambda_f} \frac{\rho_s - \rho}{\rho} gd \right) \mathrm{e}^{\frac{\lambda_f \alpha_4}{\alpha_1} \frac{\rho}{\rho_s - \rho}} \quad (4\text{-}102)$$

将上式代入式(4-101)并考虑到关系式(4-97)及各系数的具体数值，公式 (4-101)可以改写如下：

$$u_y^2 = (u_{y,\max}^2 + 0.222 v_{d,0}^2) \mathrm{e}^{1.09\left(1-\frac{y}{d}\right)} - 0.222 v_{d,0}^2 \quad (4\text{-}103)$$

很明显，当 $u_y=0$ 时，$y=y_{\max}$，因而有

$$0 = (u_{y,\max}^2 + 0.222 v_{d,0}^2) \mathrm{e}^{1.09\left(1-\frac{y_{\max}}{d}\right)} - 0.222 v_{d,0}^2$$

或者

$$\frac{y_{\max}}{d} = 1 + 0.918 \ln \frac{u_{y,\max}^2 + 0.222 v_{d,0}^2}{0.222 v_{d,0}^2}$$

如果令 $\delta$ 表示泥沙颗粒的跳跃高度，即跳离床面的高度，从而有

$$\frac{\delta}{d} = \frac{y_{\max} - d}{d} = 0.918 \ln \frac{u_{y,\max}^2 + 0.222 v_{d,0}^2}{0.222 v_{d,0}^2} \quad (4\text{-}104)$$

如将式(4-99)代入上式，则又可写出

$$\frac{\delta}{d} = 0.918 \ln \left( 1 + 0.666 \frac{v_d^2 - v_{d,0}^2}{v_{d,0}^2} \right) \quad (4\text{-}104a)$$

从泥沙颗粒跳离床面起到颗粒跳到最高位置止，这一段时间间隔可由下式确定：

$$t_1 = \int_d^{y_{\max}} \frac{\mathrm{d}y}{u_y}$$

$$= \int_d^{y_{\max}} \frac{\mathrm{d}y}{[(u_{y,\max}^2 + 0.222 v_{d,0}^2) \mathrm{e}^{1.09\left(1-\frac{y}{d}\right)} - 0.222 v_{d,0}^2]^{\frac{1}{2}}} \quad (4\text{-}105)$$

如果令分母为某一新变数 $\varphi$，然后求出 $\mathrm{d}y$ 与 $\mathrm{d}\varphi$ 的关系，则上述积分不难获解。将上式积分并代入上下限后再加以整理得

$$t_1 = 3.91 \frac{d}{v_{d,0}} \arctan 2.13 \frac{u_{y,\max}}{v_{d,0}}$$

$$= 3.91 \frac{d}{v_{d,0}} \arctan 0.82 \sqrt{\frac{v_d^2 - v_{d,0}^2}{v_{d,0}^2}} \tag{4-105a}$$

泥沙颗粒跳到最高点后，在重力作用下开始下沉。在下沉初期，颗粒的下沉速度不断增加，只有到重力与阻力相等时速度才保持常值。由于阻力与运动方向总是相反的，因而在颗粒下沉过程中阻力的方向是向上的，即阻力与重力方向相反。这时的运动方程式具有如下形式：

$$m \frac{\mathrm{d}u_y}{\mathrm{d}t} = -G + F_f \tag{4-106}$$

将各有关公式代入后，上式改写为

$$\frac{\mathrm{d}u_y^2}{\mathrm{d}y} = \frac{\lambda_f \alpha_4}{\alpha_1 d} \frac{\rho}{\rho_s - \rho} \left( u_y^2 - \frac{2\alpha_1}{\lambda_f \alpha_4} \frac{\rho_s - \rho}{\rho} gd \right) \tag{4-106a}$$

此式积分后有

$$u_y^2 = \frac{2\alpha_1}{\lambda_f \alpha_4} \frac{\rho_s - \rho}{\rho} gd + c_2 \mathrm{e}^{\frac{\lambda_f \alpha_4}{\alpha_1} \frac{\rho}{\rho_s - \rho} \frac{y}{d}} \tag{4-107}$$

式中：$c_2$——积分常数。

由边界条件 $y = y_{\max}$ 时 $u_y = 0$ 求得

$$c_2 = -\frac{2\alpha_1}{\lambda_f \alpha_4} \frac{\rho_s - \rho}{\rho} gd \mathrm{e}^{-\frac{\lambda_f \alpha_4}{\alpha_1} \frac{\rho}{\rho_s - \rho} \frac{y_{\max}}{d}} \tag{4-108}$$

将 $c_2$ 代入式(4-107)后得到

$$u_y^2 = \frac{2\alpha_1}{\lambda_f \alpha_4} \frac{\rho_s - \rho}{\rho} gd \left( 1 - \mathrm{e}^{-\frac{\lambda_f \alpha_4}{\alpha_1} \frac{\rho}{\rho_s - \rho} \frac{y_{\max} - y}{d}} \right) \tag{4-109}$$

或者写作

$$u_y = -0.471 v_{d,0} (1 - \mathrm{e}^{-1.09 \frac{y_{\max} - y}{d}})^{\frac{1}{2}} \tag{4-109a}$$

由于泥沙颗粒是向下沉降的，故在开方时，式前取了负号。

从泥沙颗粒开始下沉到颗粒与床面发生接触时，即到达点 $y = d$ 时的时间间隔可由下式求得

$$t_2 = \int_{y_{\max}}^d \frac{\mathrm{d}y}{u_y} = \int_{y_{\max}}^d \frac{\mathrm{d}y}{-0.471 v_{d,0} [1 - \mathrm{e}^{-1.09 \frac{y_{\max} - y}{d}}]^{\frac{1}{2}}} \tag{4-110}$$

如果令 $\left(1-\mathrm{e}^{-1.09\frac{y_{\max}-y}{d}}\right)^{\frac{1}{2}}=-\cos\varphi$，然后求出 $\mathrm{d}y$ 与 $\mathrm{d}\varphi$ 间的关系，则上式很易获解。

将上式积分并代入上下限再加以整理，可以写出

$$t_2 = 3.91\frac{d}{v_{d,0}}\left[0.545\frac{\delta}{d}+\ln\left(1+\sqrt{1-\mathrm{e}^{-1.09\frac{\delta}{d}}}\right)\right] \qquad (4\text{-}110\mathrm{a})$$

泥沙颗粒跳离床面后，开始时一边上升一边向下游运动，泥沙颗粒达到最高点后，一边下沉一边向下游运动。泥沙颗粒在纵向上的运动可用下述方程式描述：

$$m\frac{\mathrm{d}u_x}{\mathrm{d}t} = F_x \qquad (4\text{-}111)$$

式中：$u_x$——泥沙颗粒的纵向速度；

$F_x$——水流对颗粒的作用力，可由下式确定：

$$F_x = \lambda_f \alpha_4 d^2 \frac{\rho(v_d-u_x)^2}{2} \qquad (4\text{-}112)$$

将式(4-112)和 $m$ 值代入式(4-111)，得

$$\frac{\mathrm{d}u_x}{\mathrm{d}t} = \frac{\alpha_4\lambda_f}{2\alpha_1 d}\frac{\rho}{\rho_s-\rho}(v_d-u_x)^2 \qquad (4\text{-}113)$$

将此式积分，有

$$\frac{1}{v_d-u_x} = \frac{\alpha_4\lambda_f}{2\alpha_1}\frac{\rho}{\rho_s-\rho}\frac{t}{d}+c_3 \qquad (4\text{-}114)$$

式中：$c_3$——积分常数。

由边界条件 $t=0$，$u_x=0$ 知

$$c_3 = \frac{1}{v_d}$$

将积分常数代入前式后，经过整理可以写出

$$u_x = v_d\left(1-\cfrac{1}{1+\cfrac{\alpha_4\lambda_f}{2\alpha_1}\cfrac{\rho}{\rho_s-\rho}\cfrac{v_d t}{d}}\right) = v_d\left(1-\cfrac{1}{1+0.545\cfrac{v_d t}{d}}\right) \qquad (4\text{-}115)$$

如果令 $l$ 表示跳跃长度(即从颗粒与床面脱离接触时到颗粒与床面重新发生接触时的距离)，则此值可由下式确定：

$$l = \int_0^{t_1+t_2} u_x \mathrm{d}t = \int_0^{t_1+t_2} v_d \left(1 - \frac{1}{1 + 0.545 \dfrac{v_d t}{d}}\right) \mathrm{d}t \tag{4-116}$$

此式积分并代入上下限后，得到跳跃长度公式如下：

$$\frac{l}{d} = 3.91 \frac{v_d B}{v_{d,0}} - 1.835 \ln\left(1 + 2.13 \frac{v_d B}{v_{d,0}}\right) \tag{4-117}$$

式中：

$$B = \arctan 0.82 \frac{\sqrt{v_d^2 - v_{d,0}^2}}{v_{d,0}} + \left[0.545 \frac{\delta}{d} + \ln\left(1 + \sqrt{1 - \mathrm{e}^{-1.09\frac{\delta}{d}}}\right)\right] \tag{4-118}$$

以上讨论了泥沙颗粒在水流作用下的运动规律。下边将着重讨论泥沙颗粒的平均跳跃高度和跳跃长度。

### 4.6.4　泥沙颗粒的跳跃高度和跳跃长度

从公式(4-104a)和式(4-117)中可以看到，床面泥沙颗粒的跳跃高度和跳跃长度与直接作用于颗粒的瞬时流速有关。由于作用在各个颗粒上的瞬时流速不同，因而各个颗粒的跳跃高度和跳跃长度也不相同，有的跳得高一些远一些，有的跳得低一些近一些。这种不规则性与笔者用电影拍摄法所测得的颗粒的跳跃情况是一致的(见图 4-2)。

前边曾经导出作用于起动颗粒的各瞬时流速的平均值 $v_f$，在这样的流速作用下，泥沙颗粒的跳跃高度可以被近似地看作是泥沙颗粒的平均跳跃高度。如果用 $\bar{\delta}$ 表示此特征值，则由式(4-104a)可以写出

$$\frac{\bar{\delta}}{d} = 0.918 \ln\left(1 + 0.666 \frac{v_f^2 - v_{d,0}^2}{v_{d,0}^2}\right) \tag{4-119}$$

泥沙颗粒跳起后在向前运动过程中，有时受到较大流速的作用，有时受到较小流速的作用，从统计观点来看，作用于颗粒上的纵向流速应当是其时间平均值。如果用 $\bar{l}$ 表示平均跳跃长度，则由式(4-117)可近似写出

$$\frac{\bar{l}}{d} = 3.91 \frac{\bar{v}_d \bar{B}}{v_{d,0}} - 1.835 \ln\left(1 + 2.13 \frac{\bar{v}_d \bar{B}}{v_{d,0}}\right) \tag{4-120}$$

式中：

$$\bar{B} = \arctan 0.82 \sqrt{\frac{v_f^2 - v_{d,0}^2}{v_{d,0}^2}} + \left[ 0.545 \frac{\bar{\delta}}{d} + \ln\left(1 + \sqrt{1 - e^{-1.09\frac{\bar{\delta}}{d}}}\right) \right] \qquad (4\text{-}121)$$

为了便于计算，在图 4-11 中绘制了 $\bar{B}$ 与 $\dfrac{v_f}{v_{d,0}}$ 的关系曲线，在图 4-12 中绘制了 $\dfrac{\bar{l}}{d}$ 与 $\dfrac{\bar{v}_d}{v_{d,0}}\bar{B}$ 的关系曲线。

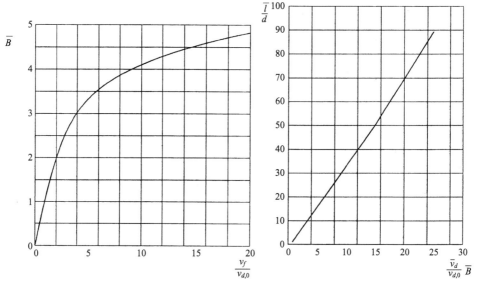

图 4-11　$\bar{B}$ 值计算曲线　　　　　　图 4-12　跳跃长度计算曲线

在表 4-1 中列出了笔者利用电影拍摄法量得的平均跳跃高度和平均跳跃长度数据，在同一表中也列出了根据公式(4-119)和式(4-120)求得的计算值。从表中可以看到，尽管计算值和实测值有一定差别，但两者还是比较接近的。

表 4-1　泥沙颗粒平均跳跃高度和平均跳跃长度

| 序号 | $d$/mm | $v_{cp}$/(cm/s) | $H$/cm | $\bar{v}_d$ /(cm/s) | $v_{d,k}$ /(cm/s) | $v_{d,0}$ /(cm/s) | $\bar{l}$ /cm | | $\bar{\delta}$ /cm | |
|---|---|---|---|---|---|---|---|---|---|---|
| | | | | | | | 实测 | 计算 | 实测 | 计算 |
| 1 | 0.58 | 34.2 | 6.21 | 14.5 | 23.0 | 21.7 | 0.22 | 0.13 | 0.036 | 0.041 |
| 2 | 0.58 | 54.1 | 6.55 | 23.0 | 23.0 | 21.7 | 0.33 | 0.24 | 0.035 | 0.043 |
| 3 | 5.0 | 100 | 8.96 | 50.0 | 63.5 | 63.5 | 1.51 | 1.17 | 0.31 | 0.30 |
| 4 | 5.0 | 73.4 | 6.39 | 37.4 | 63.5 | 63.5 | 0.74 | 0.85 | 0.19 | 0.32 |

### 4.6.5 表层泥沙颗粒的重量

试验表明，天然泥沙在一般常见水流条件下只是最上一层泥沙参加运动，因而最上层泥沙的重量对于底沙的输移数量有直接关系。所谓最上一层泥沙或者表层泥沙，是指在观察的瞬间暴露在床面上的泥沙颗粒(图 4-13 中带有阴影的颗粒)。凡是受到其他颗粒阻挡而在其他颗粒未动之前不能自由起动的那些颗粒，都不能被认为是表层颗粒。令 $G_0$ 表示单位面积上表层泥沙的重量，$m_0$ 表示表层泥沙的密度系数(即单位面积内表层泥沙颗粒的横断面积的总和)，并假定泥沙颗粒具有球体形状。不难理解，单位面积内的泥沙颗粒数目为 $\dfrac{m_0}{\dfrac{\pi d^2}{4}}$，每一个颗粒的重量为 $\gamma_s \dfrac{\pi d^3}{6}$，因而表层泥沙的重量为

$$G_0 = \frac{m_0}{\dfrac{\pi d^2}{4}} \gamma_s \frac{\pi d^3}{6} = \frac{2}{3} m_0 \gamma_s d \qquad (4\text{-}122)$$

式中：$m_0$ 近似取其等于 0.4。

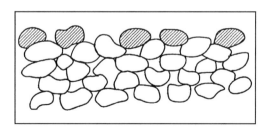

图 4-13 表层泥沙颗粒剖面图

### 4.6.6 泥沙颗粒的交换时间

前边提到，一般总是表层泥沙颗粒参加运动，然而表层泥沙的概念却是相对的。当原来处于表层的泥沙跳离床面后，原来处于第二层的泥沙颗粒或者刚从水流中沉降到原来表层位置的泥沙颗粒都将成为表层泥沙颗粒。因而泥沙颗粒跳离床面所需的时间应当被看作是表层泥沙的交换时间。如果令 $t_0$ 表示这一时间，则可以写出

$$t_0 = \int_0^d \frac{\mathrm{d}y}{u_y}$$

将式(4-98a)代入上式后有

$$t_0 = \frac{1}{0.473\sqrt{v_d^2 - v_{d,0}^2}} \int_0^d \frac{\mathrm{d}y}{\sqrt{1 - \mathrm{e}^{-1.09\frac{y}{d}}}} \tag{4-123}$$

如果令 $\mathrm{e}^{-1.09\frac{y}{d}} = \sin^2\theta$，然后再由此关系式推求微分 $\mathrm{d}y$ 与微分 $\mathrm{d}\theta$ 的关系，很容易解出上述积分式。上式积分后代入上下限，得

$$t_0 = 4.43 \frac{d}{\sqrt{v_d^2 - v_{d,0}^2}} \tag{4-124}$$

这是任意一个颗粒在瞬时流速 $v_d$ 作用下跳离床面所需的时间。由于作用在颗粒上的瞬时流速有大有小，跳离床面所需的时间也不相同。作为所有起动颗粒跳离床面的平均时间，可以用作用流速 $v_f$ 代替上式中的瞬时流速 $v_d$。如果用 $T_0$ 表示各起动颗粒跳离床面的平均时间，则可写出

$$T_0 = 4.43 \frac{d}{\sqrt{v_f^2 - v_{d,0}^2}} \tag{4-125}$$

如果令 $\bar{u}_y$ 表示所有起动颗粒跳离床面时的平均上升速度，则有

$$T_0 = \frac{d}{\bar{u}_y} \tag{4-126}$$

其中

$$\begin{aligned} \bar{u}_y &= \frac{1}{4.43}\sqrt{v_f^2 - v_{d,0}^2} \\ &= 0.226\sqrt{v_f^2 - v_{d,0}^2} \end{aligned} \tag{4-127}$$

为了便于计算，将此公式绘制成图 4-14 中的曲线。

### 4.6.7　推移质输沙率的公式

在流速较小时，水流对颗粒的悬浮作用可以忽略不计，因而可以认为泥沙颗粒在水流中运动 $\bar{l}$ 距离后全部沉于河底(图 4-15)。

如果取 $A$ 断面为控制断面，则凡是从 $A$ 断面上游 $\bar{l}$ 距离内跳起的泥沙颗粒，即凡是从 $A \sim B$ 间跳起的泥沙颗粒都将通过 $A$ 断面，而由 $B \sim C$ 间跳起的泥沙颗粒将不通过 $A$ 断面。前边已经提过，单位面积内表层泥沙的重量为 $G_0$，因而在宽度为 1、长度为 $\bar{l}$ 的面积内表层泥沙颗粒的重量为 $G_0\bar{l}$。如果在 $T_0$ 时间内表层泥沙的起动概率为 $\varepsilon$，则在 $T_0$ 时间内在 $\bar{l}$ 范围内跳起的泥沙数量为 $G_0\bar{l}\varepsilon$。如果用 $p_s$ 表示单位时间内通过单位宽度的泥沙数量(即推移质输沙率)，则可写出

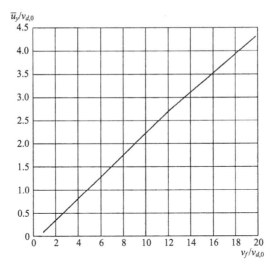

图 4-14 颗粒上升速度计算曲线

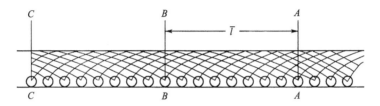

图 4-15 底沙颗粒运动示意图

$$q_s = \frac{G_0 \bar{l} \varepsilon}{T_0} \tag{4-128}$$

随着流速的增大,水流对泥沙的悬浮作用逐渐增强。一部分跳起的泥沙颗粒在较大的竖向脉动流速作用下发生悬浮,致使这部分泥沙颗粒在走完 $\bar{l}$ 距离后不能降落在河底。这些由于受到水流的悬浮作用而继续运行的泥沙颗粒,严格说来,已不属于推移质范畴,这是由推移质转化为悬移质的过渡阶段。由于许多推移质泥沙的测验资料中实际上都包括了这部分受到悬浮作用而运移的泥沙,因而在指出上述特点后仍然可以称之为推移质泥沙。

如果令 $\beta$ 表示跳起的泥沙颗粒在运行 $\bar{l}$ 距离内受到悬浮而不能沉降的概率(或简称悬浮概率),则根据一般概率理论可知,通过 $2\bar{l}$ 距离而不沉降的概率为 $\beta^2$,通过 $3l$ 距离而不沉降的概率为 $\beta^3$ 等。以通过 $A$ 断面的泥沙数量为例,凡是由 $B\sim A$ 间跳起的泥沙颗粒都将通过 $A$ 断面,由 $C\sim B$ 间跳起的泥沙颗粒由于受到水流的悬浮作用将有 $\beta$ 部分在通过 $\bar{l}$ 距离后不沉降,因而有 $\dfrac{\beta G_0 \bar{l} \varepsilon}{T_0}$ 通过 $A$ 断面;由 $D\sim$

$C$ 间跳起的泥沙颗粒经过 $\bar{l}$ 距离后将有 $\beta$ 部分不沉降，而这部分未沉降的颗粒中再运行 $\bar{l}$ 距离后又有 $\beta$ 部分未沉降，因而从跳起后到通过 $A$ 断面时已运行了 $2\bar{l}$ 距离，故从 $D\sim C$ 间跳起的颗粒有 $\dfrac{\beta^2 G_0 \bar{l} \varepsilon}{T_0}$ 通过 $A$ 断面；由 $E\sim D$ 间跳起的颗粒只有经过 $3\bar{l}$ 距离而不沉降的颗粒才能通过 $A$ 断面，故其中只有 $\dfrac{\beta^3 G_0 \bar{l} \varepsilon}{T_0}$ 通过 $A$ 断面；由 $F\sim E$ 间跳动的颗粒，只有 $\dfrac{\beta^4 G \bar{l} \varepsilon}{T_0}$ 通过 $A$ 断面，以此类推。由此可见，在受水流悬浮作用下的推移质输沙率应为

$$
\begin{aligned}
q_s &= \frac{G_0 \bar{l} \varepsilon}{T_0} + \frac{\beta G_0 \bar{l} \varepsilon}{T_0} + \frac{\beta^2 G_0 \bar{l} \varepsilon}{T_0} + \frac{\beta^3 G_0 \bar{l} \varepsilon}{T_0} + \frac{\beta^4 G_0 \bar{l} \varepsilon}{T_0} + \cdots \\
&= \frac{G_0 \bar{l} \varepsilon}{T_0}(1 + \beta + \beta^2 + \beta^3 + \beta^4 + \cdots) \\
&= \frac{G_0 \bar{l} \varepsilon}{T_0(1-\beta)}
\end{aligned}
\tag{4-129}
$$

将式 (4-122) 和式 (4-126) 代入上式后又可写作

$$
q_s = \frac{2}{3} m_0 \gamma_s d v_{d,0} \frac{\overline{l u_y}}{d v_{d,0}} \frac{\varepsilon}{1-\beta}
\tag{4-130}
$$

式中：$m_0 \approx 0.4$，$v_{d,0}$ 由公式 (4-97) 确定，$\dfrac{\bar{l}}{d}$ 由公式 (4-120) 或图 4-12 确定，$\dfrac{\overline{u_y}}{v_{d,0}}$ 由公式 (4-127) 或图 4-14 确定，$\varepsilon$ 由公式 (4-86) 或图 4-9 确定，而悬浮概率由下式确定：

$$
\beta = \frac{2}{\sqrt{2\pi}\sigma_y} \int_{\omega}^{\infty} e^{-\frac{1}{2}\left(\frac{v_y'}{\sigma_y}\right)^2} dv_y' = 1 - \phi\left(\frac{\omega}{\sigma_y}\right)
\tag{4-131}
$$

式中：$\sigma_y$ ——竖向脉动流速均方根，其值约等于 $0.1 \bar{v}_d$；

$\phi\left(\dfrac{\omega}{\sigma_y}\right) = \phi\left(\dfrac{10\omega}{\bar{v}_d}\right)$ ——概率积分函数，可按照 $\dfrac{10\omega}{\bar{v}_d}$ 值由概率积分表中查得。

为了便于应用，将公式 (4-131) 绘成如图 4-16 中的曲线。

在图 4-17 中用岗恰洛夫、吉尔伯特等的试验数据对公式 (4-130) 进行了验证，从图中可以看到，公式与试验数据是一致的。

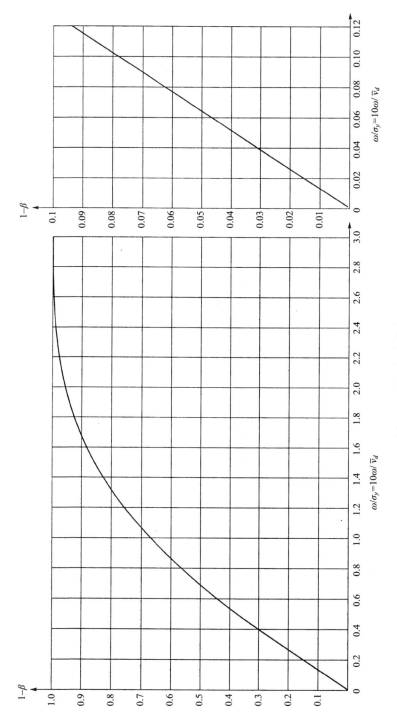

图 4-16  悬浮概率曲线

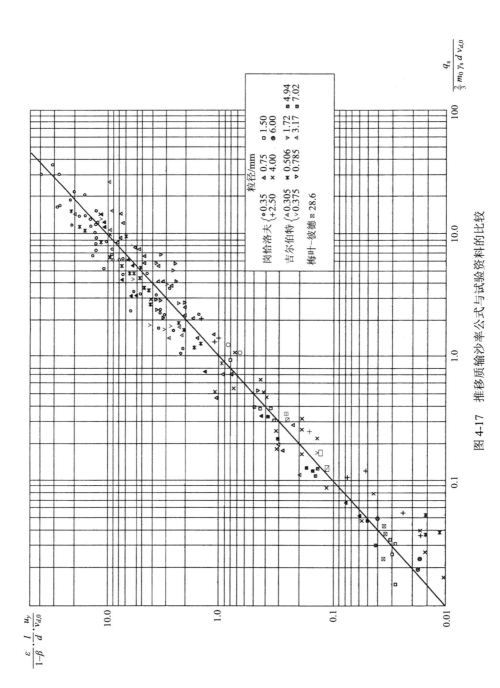

图 4-17　推移质输沙率公式与试验资料的比较

### 4.6.8 推移质输沙率的简化公式

在使用图表的条件下,利用公式(4-130)计算推移质泥沙的输沙率并不很烦琐。但当利用公式对其他问题进行理论分析时却很不方便,因而有必要在不妨碍计算精度的前提下把公式结构加以简化。

可以认为泥沙起动概率 $\varepsilon$ 与沉降概率 $(1-\beta)$ 之比值与水流对床面的相对作用力成正比,即

$$\frac{\varepsilon}{1-\beta} \sim \frac{F_{作}}{F_0} = \frac{\overline{v}_d^2}{\overline{v}_{d,0}^2} = \frac{\overline{v}_{cp}^2}{\overline{v}_{cp,0}^2} \tag{4-132}$$

泥沙颗粒的相对跳跃长度可以认为与相对流速成正比,即

$$\frac{\overline{l}}{d} \sim \frac{v_*}{v_{d,0}} = \frac{1}{C_0} \frac{\overline{v}_{cp}}{v_{d,0}} \tag{4-133}$$

泥沙颗粒的平均上升速度可以简化为

$$\frac{\overline{u}_y}{v_{d,0}} \sim \frac{\overline{v}_d - \overline{v}_{d,0}}{\overline{v}_{d,0}} = \frac{\overline{v}_{cp} - \overline{v}_{cp,0}}{\overline{v}_{cp,0}} \tag{4-134}$$

将式(4-132)、式(4-133)和式(4-134)代入式(4-130)并且用 $k$ 表示综合系数,则可写出

$$q_s = \frac{k}{C_0} \gamma_s d (\overline{v}_{cp} - \overline{v}_{cp,0}) \frac{\overline{v}_{cp}^3}{\overline{v}_{cp,0}^3} \tag{4-135}$$

式中的无尺度谢才系数 $C_0$ 可由公式(3-38)确定。由推移质试验资料求得 $k=0.048$。简化公式(4-135)与试验资料的符合程度见图 4-18。

前述表明,由统计途径导得的公式简化后能够与应用水动力学分析方法导得的公式具有相同的结构。两类公式的对比表明,水动力学分析方法的动力密实系数和泥沙颗粒的运移速度分别相当于统计分析方法中的 $\frac{\varepsilon}{1-\beta} \frac{l}{d} \left( \sim \frac{\overline{v}_{cp}^3}{\overline{v}_{cp,0}^3} \right)$ 和 $\overline{u}_y \left( \sim \overline{v}_{cp} - \overline{v}_{cp,0} \right)$。

由于统计分析方法中的起动概率、悬浮概率和跳跃长度不仅概念明确,而且易于进行理论分析,并且从统计分析中导得的公式能够概括目前应用水动力学分析所获得的成果,因而统计分析方法具有较大的优越性。同时也可以看出,由统计分析方法导得的公式完全符合尺度分析和相似理论的要求。

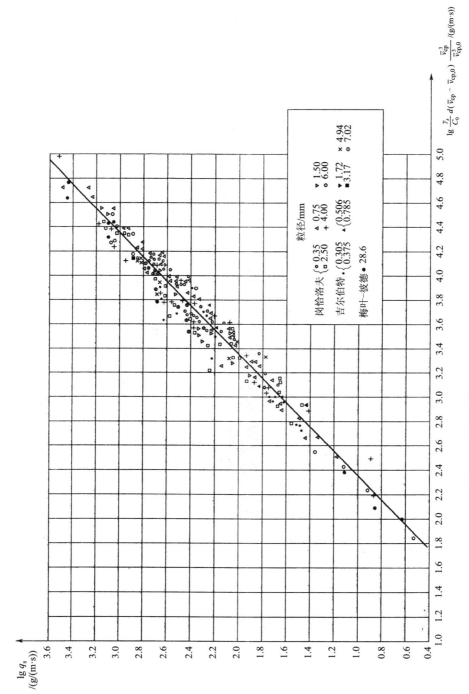

图 4-18　推移质输沙率简化式与试验数据的比较

**例 4-1**　试求在水深 10 cm、平均流速 100 cm/s 条件下，粒径为 1.0 mm 的推移质输沙率。

**解**　由于没有阻力资料，近似取 $\Delta = d = 1.0$ mm。由此可得 $\dfrac{H}{\Delta} = 100$。由图 3-9 中查得 $\eta = 0.40$，从而求出 $\bar{v}_d = \eta \bar{v}_{cp} = 40$ cm/s。由图 3-12 中查得 $v_{d,k} = 28.8$ cm/s。根据比值 $\dfrac{v_{d,k}}{\bar{v}_d} = 0.72$，由图 4-9 求得起动概率 $\varepsilon = 0.78$ 和由图 4-10 求得 $\dfrac{v_f}{\bar{v}_d} = 1.28$。由公式 (4-97) 求得 $v_{d,0} = 28.5$ cm/s。由此可知 $\dfrac{v_f}{v_{d,0}} = 1.8$，并进而根据此值由图 4-14 查得 $\dfrac{\bar{u}_y}{v_{d,0}} = 0.34$ 和由图 4-11 查得 $\bar{B} = 1.82$。根据 $\bar{B}\dfrac{\bar{v}_d}{v_{d,0}} = 2.56$，由图 4-12 求得 $\dfrac{\bar{l}}{d} = 6.5$。由表 2-1 求得在常温（取 20℃）条件下 $\omega = 11.8$ cm/s。根据比值 $\dfrac{10\omega}{\bar{v}_d} = 2.95$，由图 4-16 求得 $1 - \beta = 1.0$。将上述求得的各值代入公式 (4-130) 后得到推移质输沙率

$$q_s = \frac{2}{3} \times 0.4 \times 2.65 \times 0.1 \times 28.5 \times \frac{0.78}{1.0} \times 0.34 \times 6.5$$
$$= 3.47 \, \text{g/(cm·s)}$$

**例 4-2**　试利用简化式 (4-135) 计算上述条件下的推移质输沙率。

**解**　由公式 (3-38) 求得 $C_0 = 13.4$。由图 3-14 查得 $\eta M_{max} = 1.07$，将此值代入公式 (3-49) 求得 $\overline{v_{d,0}} = 26.6$ cm/s。将上述各值代入公式 (4-135) 后得

$$q_s = \frac{0.048}{13.4} \times 2.65 \times 0.1 \times (100 - 26.6) \times \left(\frac{100}{26.6}\right)^3$$
$$= 3.70 \, \text{g/(cm·s)}$$

# 第5章 悬 沙 运 动

## 5.1 扩 散 理 论

前边曾经提到，随着流速的增大，水流的悬浮能力不断加强，从河底悬起的泥沙数量不断增多，这部分在水流中悬浮运动的泥沙，称作悬移质泥沙或简称悬沙。

在研究悬沙运动规律时主要是解决两个问题：一个是含沙量沿水深的分布问题，另一个是输沙率问题。

目前在文献中可以看到许多关于河流中悬沙运动的理论，比较著名的有扩散理论和重力理论，其中扩散理论获得了较为广泛的应用。

马卡维耶夫基于施密特的紊动扩散概念于 1931 年提出了河流悬移质泥沙的扩散理论[73]，此后奥布赖恩也提出了类似的研究成果[74]。马卡维耶夫不仅讨论了河流的最简单情况，而且给出了泥沙扩散的一般微分方程式。

马卡维耶夫等的悬沙理论之所以被称为扩散理论，主要在于这些学者把泥沙在水流中的运动和分布看作是泥沙扩散的结果。在水流紊动影响下，悬移质泥沙从浓度高的地方向浓度低的地方扩散。被悬移的泥沙一方面随着脉动水团在水流内部移动，另一方面在脉动水团内部做相对运动。如果用 $q_{sx}$、$q_{sy}$、$q_{sz}$ 分别表示在水流紊动作用下单位时间内通过单位面积往 $x$、$y$、$z$ 方向传递的泥沙数量，那么根据扩散的一般概念可以写出

$$\left. \begin{aligned} q_{sx} &= -D\frac{\partial s}{\partial x} \\ q_{sy} &= -D\frac{\partial s}{\partial y} \\ q_{sz} &= -D\frac{\partial s}{\partial z} \end{aligned} \right\} \tag{5-1}$$

式中：$s$——时间平均含沙量[①]；

$D$——紊动扩散系数；

式(5-1)中右边的负号表示沙量是由含沙浓度高的地方向含沙浓度低的地方传递。

由于泥沙的比重一般均大于水，泥沙在脉动水团的竖向相对运动是非常明显

---

① 本节中含沙量和流速的时间平均符号省略。

的，相对运动的速度取决于重力、惯性力和阻力。在泥沙颗粒不太大的条件下，惯性力很小，通常可以忽略不计。泥沙颗粒在动水中的沉降阻力，根据一般测验资料，可以近似地认为与静水中的沉降阻力相同，因而泥沙颗粒在脉动水团内的竖向相对速度与泥沙颗粒在静水中的沉降速度相同。

如果在水流中取一微小长方水体，其三边之长分别为 $\delta_x$、$\delta_y$ 和 $\delta_z$（图 5-1），并分别用 $q_{sx}$、$q_{sy}$ 和 $q_{sz}$ 表示从左方、上方和前方通过单位面积在单位时间内进入讨论水体的泥沙数量，则在同时间内从右方、下方和后方通过单位面积流出的泥沙数量分别为 $q_{sx}+\dfrac{\partial q_{sx}}{\partial x}\delta_x$、$q_{sy}+\dfrac{\partial q_{sy}}{\partial y}\delta_y$、$q_{sz}+\dfrac{\partial q_{sz}}{\partial z}\delta_z$。如果用 $\mathrm{dw}_1$ 表示在 $\delta_t$ 时间内由于紊动扩散过程进入讨论水体的泥沙数量，则有

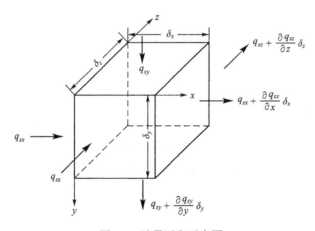

图 5-1 沙量平衡示意图

$$\mathrm{dw}_1=\left[q_{sx}-\left(q_{sx}+\frac{\partial q_{sx}}{\partial x}\delta_x\right)\right]\delta_y\delta_z\delta_t+\left[q_{sy}-\left(q_{sy}+\frac{\partial q_{sy}}{\partial y}\delta_y\right)\right]\delta_z\delta_x\delta_t$$

$$+\left[q_{sz}-\left(q_{sz}+\frac{\partial q_{sz}}{\partial z}\delta_z\right)\right]\delta_x\delta_y\delta_t$$

$$=-\left(\frac{\partial q_{sx}}{\partial x}+\frac{\partial q_{sy}}{\partial y}+\frac{\partial q_{sz}}{\partial z}\right)\delta_x\delta_y\delta_z\delta_t$$

将式(5-1)代入上式，得

$$\mathrm{dw}_1=\left[\frac{\partial}{\partial x}\left(D\frac{\partial s}{\partial x}\right)+\frac{\partial}{\partial y}\left(D\frac{\partial s}{\partial y}\right)+\frac{\partial}{\partial z}\left(D\frac{\partial s}{\partial z}\right)\right]\delta_x\delta_y\delta_z\delta_t$$

前边已经指出，泥沙颗粒在水团内的竖向相对运动速度近似等于在静水中的沉降速度 $\omega$，如果取 $y$ 轴竖直向下，则在重力作用下从讨论水体的上方在单位时

间内进入水体的泥沙数量为 $\omega s \delta_x \delta_z$，从讨论水体的下方沉出的泥沙数量为 $\left(\omega s + \dfrac{\partial \omega s}{\partial y}\delta_y\right)\delta_x \delta_z$。令 $\mathrm{dw}_2$ 表示在 $\delta_t$ 时间内由于重力的影响进入讨论水体的泥沙数量。由此可以写出

$$\mathrm{dw}_2 = \left[\omega s \delta_x \delta_z - \left(\omega s + \frac{\partial \omega s}{\partial y}\delta_y\right)\delta_x \delta_z\right]\delta_t = -\frac{\partial \omega s}{\partial y}\delta_x \delta_y \delta_z \delta_t$$

在紊动扩散和重力作用下，讨论水体内的泥沙数量可能发生变化。如果用 $\mathrm{dw}_3$ 表示讨论水体内的泥沙在 $\delta_t$ 时间的变化数量，则有

$$\mathrm{dw}_3 = \frac{\partial s}{\partial t}\delta_x \delta_y \delta_z \delta_t$$

由泥沙平衡条件可以写出

$$\mathrm{dw}_3 = \mathrm{dw}_1 + \mathrm{dw}_2$$

将上述各项的具体表述式代入上式后，消去 $\delta_x \delta_y \delta_z \delta_t$，即可得到扩散理论的一般微分方程式

$$\frac{\mathrm{d}s}{\mathrm{d}t} = \frac{\partial}{\partial x}\left(D\frac{\partial s}{\partial x}\right) + \frac{\partial}{\partial y}\left(D\frac{\partial s}{\partial y}\right) + \frac{\partial}{\partial z}\left(D\frac{\partial s}{\partial z}\right) - \frac{\partial \omega s}{\partial y} \tag{5-2}$$

式中左边部分又可写作

$$\frac{\mathrm{d}s}{\mathrm{d}t} = \frac{\partial s}{\partial t} + v_x\frac{\partial s}{\partial x} + v_y\frac{\partial s}{\partial y} + v_z\frac{\partial s}{\partial z} \tag{5-3}$$

如果只讨论最简单情况，即均匀稳定的情况，则式(5-2)将具有下述形式：

$$\frac{\mathrm{d}}{\mathrm{d}y}\left(D\frac{\mathrm{d}s}{\mathrm{d}y}\right) - \frac{\mathrm{d}\omega s}{\mathrm{d}y} = 0 \tag{5-4}$$

将此式积分，则可写出

$$D\frac{\mathrm{d}s}{\mathrm{d}y} - \omega s = c_1$$

式中：$c_1$——积分常数。

上式左边第一项表示由紊动扩散而引起的泥沙向上输移数量，第二项表示在重力影响下泥沙的下沉数量。如果通过水面没有泥沙跳出或下落，则上式左边两项的绝对值必然相等。因而由这一边界条件得出 $c_1 = 0$。

将 $c_1 = 0$ 代入上式后，得到

$$D\frac{\mathrm{d}s}{\mathrm{d}y} - \omega s = 0 \tag{5-5}$$

为了求解含沙量沿水深的分布规律，首先需要知道紊动扩散系数 $D$ 和沉降速

度 $\omega$ 的变化规律。虽然沉降速度是随着含沙浓度的增大而减小的，但当含沙量不太大时，这一变化常常可以忽略不计，因而可以认为 $\omega$ 是一常值，等于单个颗粒的沉降速度。紊动扩散系数 $D$ 还难于准确确定，一般都认为泥沙的紊动扩散系数与水的紊动交换系数相等，而后者为紊动黏滞系数与密度之比，故有[①]

$$D = D_{水} = \frac{A}{\rho}$$

式中：$A$——紊动黏滞系数。在明渠均匀流中有

$$\rho g y J + A \frac{\mathrm{d}v}{\mathrm{d}y} = 0$$

式中：$J$——水面比降，从而可以写出

$$\frac{A}{\rho} = -\frac{gJy}{\dfrac{\mathrm{d}v}{\mathrm{d}y}}$$

因而紊动扩散系数可由下式确定：

$$D = -\frac{gJy}{\dfrac{\mathrm{d}v}{\mathrm{d}y}} \tag{5-6}$$

由此可见，如果采用不同的流速分布公式来确定流速梯度 $\dfrac{\mathrm{d}v}{\mathrm{d}y}$，就会得到不同的 $D$，从而得出不同的含沙量分布公式。

作为一种近似，马卡维耶夫于 1931 年利用巴森流速分布公式

$$v = v_0 - m\sqrt{HJ}\left(\frac{y}{H}\right)^2$$

和谢才公式，推求得到紊动扩散系数

$$D = \frac{gHv_{\mathrm{cp}}}{2mC} \tag{5-7}$$

式中：$v_0$——水面流速；

$C$——谢才系数；

$m=24$。

由于式（5-7）中的 $D$ 值与 $y$ 轴无关，故式（5-5）很容易积分。将式（5-5）积分后有

---

① 马卡维耶夫曾对紊动扩散系数进行过大量研究，从理论上导得了此系数的结构式并论证了液体交换系数与泥沙扩散系数的一致性。

$$S = c_2 e^{\frac{\omega}{D}y} \tag{5-8}$$

式中：$c_2$——积分常数。

如果令 $S_0$ 为水面处（即 $y=0$ 点）的含沙量，则由这一边界条件知 $c_2=S_0$，因而有

$$S = S_0 e^{\frac{\omega}{D}y} \tag{5-8a}$$

在确定含沙量分布时，通常采用河底边界条件。如果令 $S_H$ 表示床面处（即 $y=H$ 点）的含沙量，则由这一条件可得 $c_2 = S_H e^{-\frac{\omega}{D}H}$，将此式代入式（5-8），则有

$$S = S_H e^{-\frac{\omega}{D}(H-y)} \tag{5-9}$$

上述含沙量分布公式表明，当泥沙颗粒的比重大于水时，即当 $\omega>0$ 时，含沙量是从水面向河底增加的，这在定性上与实际情况是一致的。然而在利用式（5-7）表示上式中的紊动扩散系数时，式（5-9）给出的含沙量分布曲线与实测数据在数量上有一定偏离。笔者的分析表明[75]，如果紊动扩散系数由下式来确定[①]：

$$D = \frac{C_0 + 10}{30 C_0^2} v_{cp} H \tag{5-10}$$

式中：$C_0$——无尺度谢才系数，$C_0 = \dfrac{C}{\sqrt{g}}$，则式（5-9）给出的分布曲线能够与实测数据接近（见图 5-2(a) 和 (b)，其中点据分别由瓦诺尼[76]和米哈诺娃测得）。可以指出，这个公式的最大优点在于结构简单，便于应用。

上述含沙量分布公式以及下边将要介绍的含沙量分布公式都只适用于粒径比较均匀的泥沙。在天然河流中的泥沙一般都很不均匀，不能直接引用前述公式计算。当泥沙颗粒粗细不均时，各种粒径泥沙的分布规律是不相同的。较细颗粒泥沙的分布比较均匀，较粗颗粒泥沙的分布就不够均匀，因而越靠近水面处泥沙越细。为了比较准确地计算不均匀泥沙的分布曲线，必须将泥沙按粒径分级，分别算出各种粒径的分布曲线。如果令 $S_\text{总}$ 表示距水面 $y$ 点的总含沙量，$S_i$ 表示 $i$ 组的含沙量，$n$ 表示所分组数，则分级计算后得到的总含沙量的分布曲线可以表述如下：

$$S_\text{总} = \sum_{i=1}^{n} S_i = \sum_{i=1}^{n} S_{Hi} e^{-\frac{\omega}{D}(H-y)} \tag{5-11}$$

当紊动扩散系数用式（5-10）确定时，这个公式给出的分布曲线与伏尔加河的实测数据非常接近。在图 5-2(c) 中给出了总含沙量分布曲线及实测点据。

---

① 这个公式与卡林斯基给出的 $D = \dfrac{k}{b} v_* H$ 很接近，当 $C_0=10$ 时，二者完全一致。

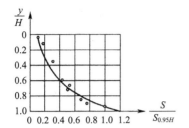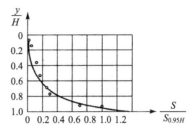

(a) 瓦诺尼试验数据

d=0.13 mm

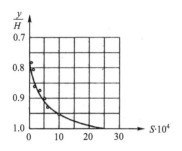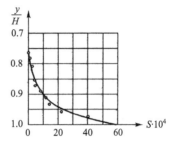

(b) 米哈诺娃试验数据

d=0.85 mm

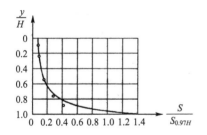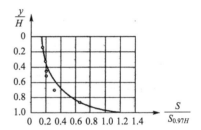

(c) 伏尔加河试验数据

d=0.18 mm

图 5-2　含沙量分布公式与测验数据的比较

上述公式是在 D=const 的前提下导得的，严格来讲，D 沿水深不可能是一常值。卡拉乌舍夫基于较多数量的野外观测资料，提出了椭圆形的流速分布公式

$$v = v_0 \sqrt{1 - P\frac{y^2}{H^2}}$$

式中：$v_0$——水面处的流速；

　　　$P$——与谢才系数有关的参数，其值可由下式确定：

$$P = \frac{Mv_{\text{cp}}^2}{Cv_0^2}$$

式中：$M=0.7C+6$。

根据此流速分布公式，由式(5-6)可导得

$$D = \frac{gHv}{MC} = \frac{gHv_0}{MC}\sqrt{1 - P\frac{y^2}{H^2}} \tag{5-12}$$

将上式代入式(5-5)，积分后得

$$S = S_H e^{-\alpha\frac{\omega}{v_{\text{cp}}}\beta\left(\frac{y}{H}\right)} \tag{5-13}$$

式中：$\alpha = \dfrac{C\sqrt{CM}}{g}$；$\beta\left(\dfrac{y}{H}\right) = \arcsin P - \arcsin\left(\sqrt{P}\,\dfrac{y}{H}\right)$。

为了便于计算，可以用下述简化式来确定此处的 $P$ 值：当 $C \leqslant 60$ 时，取 $P=0.57+\dfrac{3.3}{C}$；当 $C > 60$ 时，取 $P=0.0222C-0.000197C^2$。

这个公式与苏联许多河流实测资料的对比表明，公式能够较好地反映出含沙量沿水深的分布规律。然而在利用此式与试验资料比较时却给出了较大的偏差，这种情况的出现是不难理解的，因为在确定紊动扩散系数时所依据的流速分布公式是从野外资料获得的。为了使公式(5-13)与水槽内测得的含沙量分布资料接近一些，需要修订公式中的主要参数。

奥布赖恩等[74]曾用普朗特对数流速分布公式

$$v = \frac{v_*}{k}\ln\left(\frac{H-y}{\Delta}\right)$$

推求紊动扩散系数。式中：

$k$——卡门常数，约等于 0.4；

$\Delta$——与河床糙率有关的参数。

由上述流速分布公式求导数，然后代入式(5-6)可得到

$$D = kv_*H\left(1 - \frac{y}{H}\right)\frac{y}{H} \tag{5-14}$$

将此式代入式(5-5)，得

$$\frac{\mathrm{d}S}{S} = \frac{\omega H}{kv_*}\frac{\mathrm{d}y}{(H-y)y}$$

由于 $\dfrac{1}{(H-y)y} = \dfrac{1}{H(H-y)} + \dfrac{1}{Hy}$，故上式很容易就可积分，积分后有

$$\ln S = \frac{\omega}{kv_*}[-\ln(H-y) + \ln y + \ln c_2] = \frac{\omega}{kv_*}\ln\frac{c_2 y}{H-y}$$

式中：$c_2$——积分常数。

如果令 $y=H-a$ 点的含沙量为 $S_a$，则由此边界条件得

$$c_2 = \frac{a}{H-a} S_a^{\frac{kv_*}{\omega}}$$

将此积分常数代入上式，得含沙量分布公式如下：

$$S = S_a \left( \frac{a}{H-a} \frac{y}{H-y} \right)^{\frac{\omega}{kv_*}} \tag{5-15}$$

此公式与实测资料的比较表明，除水面和河底区域外，公式能够与试验数据符合。然而在水面特别是河底附近，计算值与实测值是有较大偏离的。不难看到，当 $y=H$ 时，含沙量将变为无限大。为了避免这个缺点，维利卡诺夫建议按照下述流速分布公式推求紊动扩散系数[54]：

$$v = \frac{v_*}{k} \ln \left( 1 + \frac{H-y}{\Delta} \right)$$

从而得出

$$D = \frac{kv_*}{H}(H-y+\Delta)y \tag{5-16}$$

将此式代入式(5-5)，积分并代入边界条件后得

$$S = S_a \left( \frac{y}{H-y+\Delta} \frac{a+\Delta}{H-a} \right)^{\frac{\omega}{kv_*}} \tag{5-17}$$

维利卡诺夫导得的这个公式较式(5-15)优越之处在于它避免了在 $y=H$ 点出现无穷大，但由于 $\Delta$ 远远小于 $H$，因而此式在 $y=H$ 点给出的含沙量仍然大于实际数值。利用对数流速分布公式导得的这两个含沙量分布公式，除了在河底处给出的数值有些差别外，在其他区域是非常接近的。与试验资料的比较表明，当在指数 $\frac{\omega}{v_*k}$ 上乘以需要的校正系数后，这两个公式都能够较好地概括试验数据[77]。然而这两个公式在 $y=0$ 点都给出 $S=0$，是与实际情况不符的。直接观察表明，只要泥沙较细、流速较大，水面处就有泥沙运行。为什么这两个公式在水面和河底附近会与实际情况不符呢？关于这点，目前还没有一致的看法。看来，这与在推求紊动扩散系数时采用的流速分布公式有密切关系。不难看出，对数流速分布公式在水面处给出的流速梯度不等于零。众所周知，在水面处的切应力是等于零的，因而为了满足这个条件，只能使得紊动交换系数变为零。事实表明，在水面处不论液体还是泥沙颗粒的紊动交换都是存在的，因而紊动交换系数不可能为零。正是由于在采用对数流速分布公式时就采用了紊动交换系数为零这一前提，致使水面处的含沙量为零。河底附近的含沙量偏大也是与所采用的流速分布公式有关的，

许多流速分布资料表明，在河底附近对数流速分布公式给出的流速值常常较试验值小，流速上的这种偏离引起了紊动扩散系数的偏离，从而使所得含沙量值偏大。

由于从扩散理论导得的含沙量分布公式在一定条件下能够与实际情况一致，因而在实践中获得了较为广泛的应用。然而应当指出，扩散理论中只考虑了颗粒在重力作用下与周围水团的相对下沉速度，而未计及其他因素，致使扩散理论的应用范围受到一定的限制。一般说来，泥沙颗粒越细，含沙浓度越小，扩散理论反映的规律越正确。当颗粒较粗或浓度较大时，在扩散理论中所没有考虑的水质点与泥沙颗粒间的相互作用，泥沙对水流结构的影响，泥沙颗粒在悬浮过程中所需的能量问题等，都可能成为主要因素，从而使扩散理论不能正确地反映泥沙的运行规律。然而在讨论一般河流问题时，由于悬沙的颗粒一般都较细，含沙量也都不太大，因而在解决许多生产问题时可以应用扩散理论。

## 5.2　重　力　理　论

在扩散理论中没有考虑由于泥沙颗粒的悬浮而需要消耗一部分水流能量的问题。由于泥沙颗粒的比重较水大，泥沙颗粒只有受到水流的悬浮作用才能在水流中向上运动，因而水流要消耗一部分能量是很明显的。但同样明显的是，这些被水流悬起的颗粒在下沉过程中又要把它得到的能量用势能的形式转化出来。在扩散理论中，实际上是假定水流为悬起颗粒所去的能量，在颗粒下沉过程中又能全部接收回来，因而无须专门考虑悬浮过程的能量消耗问题。由于泥沙颗粒在下沉过程中要把由势能释放出来的一部分能量转化为热量而散失，故水流为悬浮颗粒所消耗的能量必大于它由颗粒所接收来的能量。因而当泥沙颗粒较大或含沙浓度较高时，扩散理论就不够正确，需要考虑水流对泥沙颗粒悬浮所做的功。维利卡诺夫根据能量平衡原理提出了悬移质泥沙运动的重力理论[54,70]，这个理论的主要论点正是在于考虑水流为悬浮泥沙颗粒所消耗的能量，即所做的悬浮功。维利卡诺夫认为悬浮功可由下述方法确定，如果用 $\bar{S}$ 表示时间平均含沙量的体积比，则在单位体积水体内所含有的泥沙颗粒的重量为

$$(\rho_s - \rho)g\bar{S}$$

如果仍同以前一样用 $\omega$ 表示单个泥沙颗粒的沉降速度，则在考虑含沙量对颗粒沉降速度影响的条件下，可以近似认为泥沙颗粒的沉降速度为 $(1-\bar{S})\omega$，因而单位时间内悬浮单位体积水体内的泥沙颗粒所做的悬浮功 $T_s$ 为

$$T_s = (\rho_s - \rho)g\bar{S}(1-\bar{S})\omega \tag{5-18}$$

为了书写时间平均水流的能量平衡方程式，维利卡诺夫分析了挟沙水流中液体部分的各项能量。单位体积内液体部分 $(1-\bar{S})$ 在单位时间内由势能转化出来的

能量为

$$\rho(1-\overline{S})gJ\,\overline{v}_x$$

式中：$J$——水面比降；

$\quad\quad\overline{v}_x$——纵向时间平均流速。

这部分能量是维持时间平均水流运动的能量。单位体积水体内液体部分为克服紊动阻力在单位时间所做的功为[1]

$$\overline{v}_x\frac{\mathrm{d}}{\mathrm{d}y}\Big[\rho(1-\overline{S})(-\overline{v'_xv'_y})\Big]$$

维利卡诺夫认为，由势能转化出来的能量一部分用来克服阻力，另一部分用来悬浮泥沙，从而列出下述能量平衡方程式：

$$\rho(1-\overline{S})gJ\,\overline{v}_x=\overline{v}_x\frac{\mathrm{d}}{\mathrm{d}y}\Big[\rho(1-\overline{S})(-\overline{v'_xv'_y})\Big]+(\rho_s-\rho)g\overline{S}\omega(1-\overline{S})\tag{5-19}$$

由于

$$\frac{\mathrm{d}}{\mathrm{d}y}\Big[\rho(1-\overline{S})(-\overline{v'_xv'_y})\Big]=-\rho(1-\overline{S})\frac{\mathrm{d}\overline{v'_xv'_y}}{\mathrm{d}y}+\rho\overline{v'_xv'_y}\frac{\mathrm{d}\overline{S}}{\mathrm{d}y}$$

故式(5-19)又可写作

$$\rho(1-\overline{S})gJ\overline{v}_x=-\overline{v}_x\rho(1-\overline{S})\frac{\mathrm{d}\overline{v'_xv'_y}}{\mathrm{d}y}+\rho\overline{v}_x\overline{v'_xv'_y}\frac{\mathrm{d}\overline{S}}{\mathrm{d}y}+(\rho_s-\rho)g\overline{S}\omega(1-\overline{S})\tag{5-19a}$$

在这个时间平均水流的能量方程式中，除了含沙量 $\overline{S}$ 外，还有两个未知数 $\overline{v}_x$ 和 $\overline{v'_xv'_y}$，因而只有对这两个未知数作出一些近似处理后，才能用上式确定含沙量的变化规律。然而挟沙水流中的流速分布和紊动相关矩 $\overline{v'_xv'_y}$ 无论在试验上还是在理论上都还没有得到解决，因而前述能量方程式在一般情况下还无法应用。但在含沙浓度不大的条件下，维利卡诺夫认为可以引用清水中的规律。因此假定流速分布符合对数规律

$$\overline{v}_x=\frac{v_*}{k}\ln\left(1+\frac{H-y}{\Delta}\right)$$

二次相关矩按直线变化并等于

$$-\overline{v'_xv'_y}=gJy$$

将这两个假定代入式(5-19)，略去时间平均符号后可以写出

---

[1] 由于本节中仍取 $y$ 轴竖直向下，原点位于水面，故下述公式形式与维利卡诺夫文章中的略有不同。

$$\frac{\mathrm{d}S}{S(1-S)} = \frac{\rho_s - \rho}{\rho} \frac{k\omega}{v_* J} \frac{\mathrm{d}y}{y\ln\left(1 + \dfrac{H-y}{\Delta}\right)} \tag{5-20}$$

在含沙量较低的情况下可以取 $1-S \approx 1$。将上式取积分得

$$\ln S = \frac{\rho_s - \rho}{\rho} \frac{k\omega}{v_* J} \int \frac{\mathrm{d}y}{y\ln\left(1 + \dfrac{H-y}{\Delta}\right)} + \ln c_1$$

式中：$\ln c_1$——积分常数。

由于公式右边积分符号中的函数比较复杂，无法解出，只能进行数字积分。为了书写方便，令

$$\left.\begin{array}{c} \dfrac{\rho_s - \rho}{\rho} \dfrac{k\omega}{v_* J} = \beta \\[3mm] \displaystyle\int \dfrac{\mathrm{d}y}{y\ln\left(1 + \dfrac{H-y}{\Delta}\right)} = \ln \varphi \end{array}\right\} \tag{5-21}$$

上式可以写作

$$\ln S = \beta \ln \varphi + \ln c_1$$

去掉对数符号后有

$$S = c_1 \varphi^\beta$$

数字积分表明，当取 $y=H$ 时，$\varphi=\infty$，因而不能使用这个边界条件来确定积分常数。维利卡诺夫进行一系列试算后得到，当取 $y=0.998H$ 时，$\varphi=0.9991$，即近似于 1。因此当令 $S_a$ 表示 $y=0.998H$ 点的含沙量时，可近似求得 $c_1=S_a$。代入上式得

$$S = S_a \varphi^\beta \tag{5-22}$$

在三种不同的相对糙率下 $\varphi$ 值沿水深的变化见表 5-1。将表中数值代入上式即可获得含沙量沿水深的分布曲线。

表 5-1　不同相对糙率下 $\varphi$ 值沿水深的变化

| $H/\Delta$ | $y/H$ | | | | | | | | | | | |
|---|---|---|---|---|---|---|---|---|---|---|---|---|
| | 0.01 | 0.10 | 0.20 | 0.30 | 0.40 | 0.50 | 0.60 | 0.70 | 0.80 | 0.90 | 0.95 | 0.998 |
| 500 | 0.452 | 0.650 | 0.731 | 0.782 | 0.820 | 0.854 | 0.883 | 0.910 | 0.936 | 0.962 | 0.977 | 1.0 |
| 1000 | 0.505 | 0.683 | 0.759 | 0.806 | 0.842 | 0.872 | 0.900 | 0.923 | 0.946 | 0.970 | 0.987 | 1.0 |
| 2000 | 0.543 | 0.716 | 0.782 | 0.828 | 0.862 | 0.890 | 0.914 | 0.936 | 0.957 | 0.976 | 0.974 | 1.0 |

维利卡诺夫曾用较多数量的粗颗粒泥沙试验资料(主要是 $d>5$ mm 的资料)

对公式(5-22)进行了验证,并得到满意的结果。但是当用瓦诺尼的试验资料验证这个公式时,却得到了否定的结果[77]。笔者的分析表明,颗粒较粗时($\omega > 3.0$ cm/s)公式与试验数据比较符合,颗粒较细时公式与试验数据的差别很大。

虽然重力理论能够与较粗颗粒的试验数据一致,但在理论论述方面却有许多根据不足的地方。特别值得指出的是,泥沙在水流中的悬浮是由水流的脉动能量支持的,因而应当是在脉动能量平衡方程式中或者是总能量平衡方程式中考虑悬浮功,而不应当像维利卡诺夫所作的那样,在时间平均水流的能量方程式中考虑悬浮功。维利卡诺夫本人也同意这种观点,但由于在总能量方程式中考虑悬浮功使问题很难获解,因而没有对重力理论作出原则性的修改。其次可以指出,重力理论的特点在于考虑悬沙对水流结构的影响,因而引用清水中的流速分布公式和脉动流速相关矩都是与理论前提相违的。

由于重力理论还具有上述缺点,目前还难于用它解决生产实际问题,但维利卡诺夫开辟的新的理论途径却是应当给予重视的。

## 5.3　巴连布拉特理论

前边已经指出,维利卡诺夫在建立重力理论过程中的主导思想(即考虑水流对泥沙颗粒的悬浮和悬浮颗粒对水流的影响)是很正确的,然而在把这一意图具体化时,却处理得不够恰当。试验资料表明,挟沙水流的阻力损耗并不比同条件下的清水阻力损耗大,有时甚至于较清水为小。这说明,水流悬移泥沙并不增加时间平均水流的能量消耗。因而像维利卡诺夫那样在时间平均水流的能量支出中考虑悬浮功是没有足够根据的。与此同时,有些试验却表明[54,70],挟沙水流的脉动强度较清水为低,因而可以认为是从水流的脉动能量中支出一部分能量来悬浮泥沙的。实际上,泥沙的悬浮是由水流的竖向脉动引起的这一事实也就足以使人想到悬浮功是从脉动能量中取得的。正是基于这一认识,巴连布拉特[78]于 1953 年重新推导了挟沙水流的能量平衡方程式并根据科尔莫戈罗夫关于水流脉动结构的假定[79]讨论了扩散理论的适用范围。

巴连布拉特把挟沙水流看作是非均质的水沙混合体。如果令 $v$ 和 $u$ 分别表示水和沙粒的速度,$\rho$ 和 $\rho_s$ 分别表示水和沙粒的密度,则混合体的密度 $\rho_0$ 和速度 $V$ 分别由下述公式确定:

$$\rho_0 = \rho(1-S) + \rho_s S \tag{5-23}$$

$$V = \frac{\rho(1-S)v + \rho_s Su}{\rho(1-S) + \rho_s S} \tag{5-24}$$

式中:$S$——含沙浓度(体积比)。巴连布拉特也局限于讨论小含沙量的情况,即

$S \ll 1$，因而可以认为 $1\!-\!S \approx 1$。

如果只讨论平面均匀稳定情况，则可写出混合体的动量方程式如下[1]：

$$\frac{\mathrm{d}\tau_{xy}}{\mathrm{d}y} - \rho_0 gJ = 0 \tag{5-25}$$

式中：$\tau_{xy}$——水沙混合体的应力；

$J$——水面比降。

混合体的应力看作是水的黏滞应力和泥沙颗粒间相互作用而产生的应力的总和。由于只讨论小含沙量的情况，故颗粒之间的相互作用可以忽略不计，即认为混合体的应力近似等于水的黏滞应力。

由于从时间平均意义上讲，水及泥沙在竖向上的总流量均为零，故可写出混合体连续方程式如下：

$$\overline{\rho(1-S)v_y} + \rho_s \overline{u_y S} = 0 \tag{5-26}$$

或者写作

$$\rho_0 \overline{V_y} = 0 \tag{5-26a}$$

巴连布拉特认为时间平均水流供给脉动水流的能量(即脉动能量)主要有两个去路，一部分用以克服黏滞阻力，另一部分用以悬浮泥沙。因而水沙混合体的能量方程式可以简要地书写如下：

$$-\rho_0 \overline{V_x' V_y'} \frac{\mathrm{d}\overline{V_x}}{\mathrm{d}y} = Q_{阻} + (\rho_s - \rho)g\omega\overline{S} \tag{5-27}$$

式中左边部分表示时间平均水流提供的脉动能，右边第一项 $Q_{阻}$ 表示脉动水流为克服黏滞阻力所消耗的能量，第二项表示脉动水流悬浮泥沙而消耗的能量(即悬浮功)。

水沙混合体的应力 $\tau_{xy} = \rho_0 \overline{V_x' V_y'} \approx \rho \overline{V_x' V_y'}$，取 $y$ 轴竖直向下，其原点位于水面。式(5-25)积分后，由于其积分常数为零，得

$$\overline{V_x' V_y'} = gJy \tag{5-28}$$

由于含沙量较小，$1\!-\!S \approx 1$，故式(5-26)中第一项为零，因为在讨论条件下水流的上升速度的时间平均值等于零，因而式(5-26)具有如下形式：

$$\overline{u_y S} = 0$$

按照一般习惯，假定颗粒的竖向速度较水质点的速度差一个沉降速度，在 $y$ 轴向下的条件下有

$$u_y = v_y + \omega$$

---

[1] 巴连布拉特曾给出了一般条件下的微分方程式，本书从略。

式中：$\omega$——泥沙颗粒的沉降速度。

流速和含沙量的瞬时值均可写作时间平均值加上脉动值，故上式为

$$\overline{(\bar{S}+S')(\bar{v}_y+v'_y+\omega)}=0$$

考虑到 $\bar{v}_y=0$，$\overline{v'_y}=0$ 和 $\bar{S'}=0$，上式展开后有

$$\overline{v'_yS'}+\omega\bar{S}=0$$

考虑到

$$v_y=V_y+\frac{\rho_s}{\rho_0}S\omega$$

可以得到

$$v'_y=V'_y+\frac{\rho_s}{\rho_0}S'\omega$$

因而在忽略 $\overline{S'^2\omega}$ 的前提下，前述连续方程式可以近似写作

$$\overline{V'_yS'}+\omega\bar{S}=0 \tag{5-29}$$

方程式(5-27)、式(5-28)和式(5-29)为三个基本方程式。巴连布拉特仿照一般紊流力学中常用的表述式，令

$$\overline{V'_xV'_y}=-\nu_1\frac{\mathrm{d}\overline{V_x}}{\mathrm{d}y} \tag{5-30}$$

$$\overline{V'_yS'}=-\nu_s\frac{\partial\bar{S}}{\mathrm{d}y} \tag{5-31}$$

如将式(5-31)代入式(5-29)，则可得到与扩散理论相似的方程式

$$\omega\bar{S}=\nu_s\frac{\partial\bar{S}}{\partial y} \tag{5-32}$$

如果扩散理论中的紊动扩散系数为 $\nu_s$，则二者完全相同。

为了求解上述方程式，巴连布拉特应用科尔莫戈罗夫在研究各向同性紊流时提出的假说。根据这一假说，水流的特性量 $\nu_1$、$\nu_s$ 和脉动能的耗损量 $Q_{阻}$ 都应当是单位质量的脉动能 $E\left(=\sqrt{\overline{V'^2_x}+\overline{V'^2_y}+\overline{V'^2_z}}\right)$ 和某特征长度 $l$ 的函数。从尺度分析理论可以得到

$$\left.\begin{array}{l}\nu_1=a_1l\sqrt{E}\\[2mm]\nu_s=a_2l\sqrt{E}\\[2mm]Q_{阻}=a_3\rho\dfrac{E^{\frac{3}{2}}}{l}\end{array}\right\} \tag{5-33}$$

将式(5-33)代入式(5-27)并考虑到式(5-30)、式(5-31)和式(5-32)的关系，则可以得到

$$\rho a_1 l E^{\frac{1}{2}} \left( \frac{\mathrm{d}\bar{V}_x}{\mathrm{d}y} \right)^2 = a_3 \rho \frac{E^{\frac{3}{2}}}{l} + (\rho_s - \rho) g a_2 l E^{\frac{1}{2}} \frac{\partial \bar{S}}{\partial y}$$

由此可得脉动能量的表述式

$$E = \frac{l^2}{a_3} \left[ a_1 \left( \frac{\mathrm{d}\bar{V}_x}{\mathrm{d}y} \right)^2 - a_2 \left( \frac{\rho_s - \rho}{\rho} \right) g \frac{\mathrm{d}\bar{S}}{\mathrm{d}y} \right] \tag{5-34}$$

将式(5-30)和式(5-33)代入式(5-28)可得

$$a_1 l E^{\frac{1}{2}} \frac{\mathrm{d}\bar{V}_x}{\mathrm{d}y} = gJy$$

或

$$l^2 = \frac{(gJy)^2}{E a_1^2 \left( \dfrac{\mathrm{d}\bar{V}_x}{\mathrm{d}y} \right)^2} \tag{5-35}$$

联解式(5-34)和式(5-35)，消去 $l$ 后得到

$$E^2 = \frac{(gJy)^2}{a_1 a_3} \left[ 1 - \frac{a_2}{a_1} \frac{\rho_s - \rho}{\rho} g \frac{\mathrm{d}\bar{S}}{\mathrm{d}y} \left( \frac{\mathrm{d}\bar{V}_x}{\mathrm{d}y} \right)^{-2} \right] \tag{5-36}$$

令

$$\frac{a_2}{a_1} \frac{\rho_s - \rho}{\rho} g \frac{\mathrm{d}\bar{S}}{\mathrm{d}y} \left( \frac{\mathrm{d}\bar{V}_x}{\mathrm{d}y} \right)^{-2} = K \tag{5-37}$$

$$\frac{(gJy)^2}{a_1 a_3} = E_0^2 \tag{5-38}$$

则上式又可写作

$$E = E_0 (1 - K)^{\frac{1}{2}} \tag{5-39}$$

为了明确参数 $K$ 和 $E_0$ 的物理意义，需要将式(5-37)中的流速梯度和含沙量梯度代以具体数值。联解式(5-28)和式(5-30)知

$$\frac{\mathrm{d}\bar{V}_x}{\mathrm{d}y} = -\frac{gJy}{\nu_1}$$

联解式(5-29)和式(5-31)知

$$\frac{\mathrm{d}\bar{S}}{\mathrm{d}y} = \frac{\omega\bar{S}}{v_s}$$

而比值 $\frac{v_1}{v_s} = \frac{a_1}{a_2}$，故式 (5-37) 可以改写为

$$K = \frac{\rho_s - \rho}{\rho}\frac{\omega\bar{S}}{Jy}\left(-\frac{\mathrm{d}\bar{V}_x}{\mathrm{d}y}\right)^{-1} \tag{5-40}$$

由此可见，参数 $K$ 是悬浮功与时间平均水流提供的脉动能量的比值。颗粒越粗，含沙量越大，则 $K$ 值亦越大。当含沙量为零时，即清水时，$K=0$，在这种条件下 $E=E_0$。由此可知，$E_0$ 是单位质量清水水流的脉动能量。从式 (5-39) 可以看到，挟沙水流的脉动能量小于同条件下的无沙水流的脉动能量。这点与现有的一些试验资料是一致的。如果 $K$ 值较小，即泥沙细、浓度小，则挟沙水流与无沙水流的脉动能量接近，因而扩散理论可以给出正确的解答。这样，巴连布拉特的研究明确了扩散理论的适用范围。

由于在 $K$ 值较大时很难对参数 $l$ 作出比较恰当的假定，因而上述方程式也只有在 $K$ 值较小时才能得到解答。在 $K$ 值较小的条件下，巴连布拉特假定 $l$ 值与悬浮颗粒无关，并认为可以采用卡门确定混合长度的方法，即取

$$l = K\frac{\mathrm{d}\bar{V}_x}{\mathrm{d}y}\left(\frac{\mathrm{d}^2\bar{V}_x}{\mathrm{d}y^2}\right)^{-1}$$

在这种情况下流速按对数曲线分布，从此导出的含沙量分布规律与扩散理论给出的规律几乎完全相同，因而不再作详细介绍。

## 5.4 弗朗克里理论

虽然巴连布拉特修订和发展了维利卡诺夫的重力理论，获得了许多有益的结论，但在推导过程中采取了一些带有任意性质的假定，使得理论还不够严密。1953～1955 年间，弗朗克里[80, 81]基于对水沙两相流的一般认识，利用连续介质的基本定律分别导得了液固两相的连续方程式、运动方程式、时间平均水流的能量方程式、脉动能量方程式等，使悬沙运动理论得到了重大发展。此后一些学者试图应用这一严密理论解决具体问题，然而由于弗朗克里导得的挟沙水流方程式也如著名的雷诺紊流方程式那样，未知数数目多于方程式数目，因而在用其解决具体问题时还必须引用一些补充条件，降低了理论的实用价值。这里只对弗朗克里方程式作一简要介绍。

弗朗克里讨论了挟沙水流的一般情况，因而涉及的是四度空间问题。四度空间中的任何一点均由相应的 $x_1$、$x_2$、$x_3$ 和 $t$ 表示。引用不连续函数

$$S = S(x_1, x_2, x_3, t) \tag{5-41}$$

表示泥沙颗粒的分布情况。如果讨论点为泥沙颗粒占据，则 $S=1$，如果讨论点由水质点占据，则 $S=0$。如果将此不连续函数在空间上和时间上平均，则可得连续函数

$$\bar{S} = \bar{S}(\bar{x}_1, \bar{x}_2, \bar{x}_3, \bar{t}) \tag{5-42}$$

很明显，这个连续函数 $\bar{S}$ 表示挟沙水流在讨论点的时间平均含沙量(体积比)。

如果用 $u_1$、$u_2$、$u_3$ 表示泥沙颗粒速度在相应三轴上的投影，并假定液体是不可压缩的，泥沙颗粒是绝对刚体，则由沙量平衡条件可得到固相(泥沙)的连续方程式如下：

$$\frac{\partial \bar{S}}{\partial \bar{t}} + \sum_{k=1}^{3} \frac{\partial (\bar{S}\,\bar{u}_k)}{\partial \bar{x}_k} = 0 \tag{5-43}$$

式中第二项表示进出讨论体积的泥沙颗粒数量(用体积表示)，第一项则表示由于泥沙进出不等而引起的变化。

与此相应，液相的连续方程式具有下述形式：

$$\frac{\partial (1-\bar{S})}{\partial \bar{t}} + \sum_{k=1}^{3} \frac{\partial [(1-\bar{S})\bar{v}_k]}{\partial \bar{x}_k} = 0 \tag{5-44}$$

式中：$v_k$——液体质点速度在相应轴上的投影；其余各项的物理意义与前式相应之项类似。

如果按照一般平均值与瞬时值的相互关系写作

$$S = \bar{S} + S', \quad p = \bar{p} + p', \quad u = \bar{u} + u', \quad v = \bar{v} + v'$$

则由动量定律列出泥沙颗粒的动量方程式后加以平均，即可得到固相的动力方程式

$$\frac{\partial (\rho_s \bar{S} u_i)}{\partial \bar{t}} + \sum_{k=1}^{3} \frac{\partial (\rho_s \bar{S}\,\bar{u}_i \bar{u}_k)}{\partial \bar{x}_k}$$

$$= \rho_s \bar{S} X_i - \sum_{k=1}^{3} \bar{S} \frac{\partial \bar{p}_{ik}}{\partial \bar{x}_k} - \sum_{k=1}^{3} \overline{S' \frac{\partial p'_{ik}}{\partial \bar{x}_k}} - \sum_{k=1}^{3} \frac{\partial}{\partial \bar{x}_k}(\rho_s \overline{\bar{S} u'_i u'_k}) \tag{5-45}$$

公式左边是表示单位体积(以下同)的惯性力。公式右边第一项表示质量力(如重力)，第二项表示液体对泥沙颗粒的作用力，第三项表示由于颗粒的脉动而对液体产生的阻力，最后一项表示作用于颗粒的紊动应力张量。

通过类似的途径也可以导出液相的动力方程式

$$\frac{\partial [\rho(1-\bar{S})\bar{v}_i]}{\partial \bar{t}} + \sum_{k=1}^{3} \frac{\partial}{\partial \bar{x}_k}[\rho(1-\bar{S})\bar{v}_i \bar{v}_k]$$

$$= \rho(1-\bar{S})X_i - \sum_{k=1}^{3} (1-\bar{S}) \frac{\partial \bar{p}_{ik}}{\partial \bar{x}_k} + \sum_{k=1}^{3} \overline{S' \frac{\partial p'_{ik}}{\partial \bar{x}_k}} - \sum_{k=1}^{3} \frac{\partial}{\partial \bar{x}_k}[\rho(1-\bar{S})\overline{v'_i v'_k}] \tag{5-46}$$

式中左边部分表示液体的惯性力。右边第一项表示质量力(如重力)对液体的作用，第二项表示液体内部应力，第三项表示由于泥沙颗粒的脉动而引起的阻力，第四项表示液体的紊动应力张量。

如果用 $\bar{E}_s$ 和 $\bar{E}$ 分别表示平均流动中单位质量的固相和液相的能量，即

$$\bar{E}_s = \frac{1}{2}\sum_{k=1}^{3}\bar{u}_k^2, \quad \bar{E} = \frac{1}{2}\sum_{k=1}^{3}\bar{v}_k^2$$

用 $E_s'$ 和 $E'$ 分别表示单位质量的固相和液相的脉动能量，即

$$E_s' = \frac{1}{2}\overline{\sum_{k=1}^{3}u_k'^2}, \quad E' = \frac{1}{2}\overline{\sum_{k=1}^{3}v_k'^2}$$

则利用动力方程式可导得下述固相平均流的能量方程式

$$\left(\frac{\partial}{\partial \bar{t}} + \sum_{k=1}^{3}\frac{\partial}{\partial \bar{x}_k}\bar{u}_k\right)(\rho_s\bar{S}\bar{E}_s) = \sum_{i=1}^{3}\bar{u}_i\left[\rho_s\bar{S}X_i - \sum_{k=1}^{3}\bar{S}\frac{\partial \bar{p}_{ik}}{\partial \bar{x}_k}\right.$$
$$\left. - \sum_{k=1}^{3}\overline{S'\frac{\partial \bar{p}_{ik}}{\partial \bar{x}_k}} - \sum_{k=1}^{3}\frac{\partial}{\partial \bar{x}_k}(\rho_s\bar{S}\overline{u_i'u_k'})\right] \tag{5-47}$$

液相平均流的能量方程式

$$\left(\frac{\partial}{\partial \bar{t}} + \sum_{k=1}^{3}\frac{\partial}{\partial \bar{x}_k}\bar{v}_k\right)[\rho(1-\bar{S})\bar{E}]$$
$$= \sum_{i=1}^{3}\bar{v}_i\left[\rho(1-\bar{S})X_i - \sum_{k=1}^{3}(1-\bar{S})\frac{\partial \bar{p}_{ik}}{\partial \bar{x}_k}\right.$$
$$\left. + \sum_{k=1}^{3}\overline{S'\frac{\partial p_{ik}'}{\partial \bar{x}_k}} - \sum_{k=1}^{3}\frac{\partial}{\partial \bar{x}_k}(\rho(1-\bar{S})\overline{v_i'v_k'})\right] \tag{5-48}$$

上述公式左边表示能量随时间和空间的变化，右边分别表示在动力方程式中所指明的那些力所做的功。

固相的脉动能量方程式具有下述形式：

$$\left(\frac{\partial}{\partial \bar{t}} + \sum_{k=1}^{3}\frac{\partial}{\partial \bar{x}_k}\bar{u}_k\right)(\rho_s\bar{S}E_s')$$
$$= -\frac{1}{2}\sum_{\substack{i=1\\k=1}}^{3}\left(\frac{\partial \bar{u}_i}{\partial \bar{x}_k} + \frac{\partial \bar{u}_k}{\partial \bar{x}_i}\right)(\rho_s\bar{S}\overline{u_i'u_k'})$$
$$- \sum_{\substack{i=1\\k=1}}^{3}\overline{Su_i'\frac{\partial p_{ik}'}{\partial \bar{x}_k}} - \sum_{i=1}^{3}\frac{\partial}{\partial \bar{x}_i}\left(\frac{1}{2}\rho_s\overline{Su_i'\sum_{k=1}^{3}u_k'^2}\right) \tag{5-49}$$

公式左边表示固相脉动能量的变化。右边第一项表示转化为热量而消失的那部分

能量，第二项表示作用在固相的悬浮功，第三项表示脉动引起的脉动能量的传递。

液相脉动能量方程式具有如下形式：

$$\left(\frac{\partial}{\partial \bar{t}} + \sum_{k=1}^{3} \frac{\partial}{\partial \overline{x}_k} \overline{v}_k\right)\left[\rho(1-\overline{S})E'\right]$$

$$= -\frac{1}{2}\sum_{\substack{k=1 \\ i=1}}^{3}\left(\frac{\partial \overline{v}_i}{\partial \overline{x}_k} + \frac{\partial \overline{v}_k}{\partial \overline{x}_i}\right)\left[\rho(1-\overline{S})(\overline{v_i' v_k'})\right]$$

$$- \sum_{\substack{k=1 \\ i=1}}^{3} \overline{(1-S)v_i'\frac{\partial p_{ik}'}{\partial \overline{x}_k}} - \sum_{i=1}^{3}\frac{\partial}{\partial \overline{x}_i}\left[\overline{\rho(1-S)v_i'\frac{1}{2}\sum_{k=1}^{3}v_k'^2}\right] \qquad (5\text{-}50)$$

公式右边第一项表示转化为热量而散失的脉动能量，第二项表示液体为悬浮泥沙而做的功，第三项表示由脉动而引起的脉动能的传递。

在上述 8 个方程式中含有 $\overline{v}$、$\overline{u}$、$\overline{S}$、$\overline{p}$、$\overline{S'\frac{\partial p_{ik}'}{\partial x_k}}$、$\overline{u_i' u_k'}$、$\overline{v_i' v_k'}$、$\overline{E}_s$、$\overline{E}$、$\overline{E}_s'$、$\overline{E}'$、$\overline{S u_i'\frac{\partial p_{ik}'}{\partial x_k}}$、$\overline{S u_i'\sum u_k'^2}$、$\overline{v_i'\frac{\partial p_{ik}'}{\partial x_k}}$、$\overline{S v_i'\frac{\partial p_{ik}'}{\partial x_k}}$、$\overline{v_i'^2 v_k'^2}$ 共 16 个未知数，因而只有采用补充条件确定其中 8 个未知数后，方程组才能求解。

# 5.5　水流的挟沙能力

实践表明，在一定的水力条件下水流能够挟带一定数量的泥沙而不引起河床的冲淤变化。在不引起河床冲淤变化的条件下，水流在单位体积内平均挟带的泥沙数量(即水流的平均含沙量)称作水流的输沙能力或挟沙能力。由于对水流输沙能力的研究具有重要的理论和实际意义，目前已有许多学者对此问题进行过研究，提出了许多计算公式，其中有些公式是纯经验的，有些则是根据一定的理论前提导出的。下边仅对一些有代表性的研究成果作简要介绍。

### 5.5.1　马卡维耶夫公式

由于扩散理论只能给出含沙量沿水深的相对分布，必须采用其他途径确定某一点的含沙量后才能确定水流输沙的绝对数值。

马卡维耶夫[82]把床面上可能形成的含沙量称作"掀动"含沙量，认为此含沙量的大小只取决于水力因素并可近似由下式确定：

$$S_{掀} = a_1 \frac{v_H^2}{H}$$

式中：$v_H$——床面上的流速(即 $y=H$ 点的流速)。

掀动含沙量是否真正能够成为河底含沙量,这要取决于水流的脉动情况和泥沙的水力粗度。如果用 $S_H$ 表示河底含沙量(即悬浮于河底附近的含沙量),用 $\omega$ 表示泥沙颗粒的沉降速度,则平均每单位时间内由床面上升的泥沙数量为 $(|\overline{v_y'}|-\omega)S_{掀}$,沉落于床面上的泥沙数量为 $(|\overline{v_y'}|+\omega)S_H$,在河床不冲不淤条件下此两数值应当相等,故有

$$S_H = \frac{|\overline{v_y'}|-\omega}{|\overline{v_y'}|+\omega}S_{掀}$$

式中:$|\overline{v_y'}|$——竖向脉动流速绝对值的平均值。

如将式(5-9)积分则可写出

$$\frac{1}{H}\int_0^H S\mathrm{d}y = \frac{1}{H}\int_0^H S_H \mathrm{e}^{-\frac{\omega}{D}(H-y)}\mathrm{d}y$$

公式左边表示平均含沙量 $S_{cp}$。如令

$$\sigma = \frac{1}{H}\int_0^H \mathrm{e}^{-\frac{\omega}{D}(H-y)}\mathrm{d}y$$

则得

$$S_{cp} = \sigma S_H$$

由此可以得出水流的挟沙能力公式

$$S_{cp} = a_1\sigma\frac{|\overline{v_y'}|-\omega}{|\overline{v_y'}|+\omega}\frac{v_H^2}{H} \tag{5-51}$$

公式中的系数尚未确定,因而此式仅为一结构式。

### 5.5.2 卡拉乌舍夫公式

从式(5-51)可以看到,当沉降速度大于平均脉动流速 $|\overline{v_y'}|$ 时,含沙量将为零。卡拉乌舍夫[83]考虑到泥沙颗粒在最大脉动流速作用下仍能悬浮,修改了前述河底含沙量和掀动含沙量之间的关系,认为

$$S_H = \phi S_{掀} \tag{5-52}$$

其中 $\phi$ 为 $\dfrac{\omega}{|\overline{v_y'}|}$ 的函数,其值可由计算曲线查得(图 5-3)。顺便指出,卡拉乌舍夫认

为,$|\overline{v_y'}|=\dfrac{v_{cp}}{\sqrt{N}}$,其中 $N=\dfrac{MC}{g}$,$M=0.7C+6$,$C$ 为谢才系数。卡拉乌舍夫利用自

己导得的含沙量分布公式(见 5.1 节)推求了 $\sigma$ 值,并绘制了 $\sigma$ 值的计算曲线(图5-4)。经过这些修订后,挟沙能力公式具有如下形式:

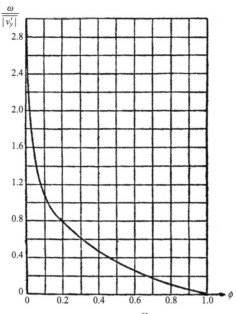

图 5-3　函数 $\phi$ 与 $\dfrac{\omega}{|v'_y|}$ 的关系

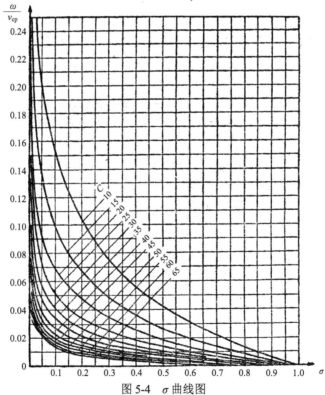

图 5-4　$\sigma$ 曲线图

$$S_{cp} = a_1 \sigma \phi \frac{v_H^2}{H} \tag{5-52a}$$

式中的 $a_1$ 由苏联一些河流和渠道资料求得

$$a_1 = 0.000057N$$

此式与中国一些河流以及室内试验资料的比较表明，计算值与实测值有一定偏差，但此式与渠道资料却比较接近。

### 5.5.3 维利卡诺夫公式

维利卡诺夫[54]利用重力理论中导得的公式(5-19)来推求水流的挟沙能力。将式(5-19)沿水深积分并近似认为 $1 - \bar{S} \approx 1$，则有

$$\rho g J \int_0^H \bar{v}_x \mathrm{d}y = -\int_0^H \bar{v}_x \frac{\mathrm{d}}{\mathrm{d}y}(\overline{\rho v_{x'} v_{y'}}) \mathrm{d}y + (\rho_s - \rho) g \omega \int_0^H \bar{S} \mathrm{d}y$$

此式左边的积分为 $v_{cp}H$，右边第二个积分为 $S_{cp}H$。由于右边第一项表示水流阻力所做的功，维利卡诺夫认为可以引用一般水力学中关于阻力的表示方法，即认为阻力与流速平方成正比，阻力功与流速立方成正比，因而取其为 $b\rho v_{cp}^3$，其中 $b$ 为与相对糙率有关的参数。因此上式可以改写为

$$\rho g J v_{cp} H = b\rho v_{cp}^3 + (\rho_s - \rho) g \omega S_{cp} H$$

此式左边的 $gHJ = v_*^2 = \dfrac{v_{cp}^2}{C_0^2}$，故由上式得

$$S_{cp} = \left(\frac{1}{C_0^2} - b\right) \frac{\rho}{\rho_s - \rho} \frac{v_{cp}^3}{gH\omega}$$

如果令 $K$ 表示上述公式中的综合系数，则可写作

$$S_{cp} = K \frac{v_{cp}^3}{gH\omega} \tag{5-53}$$

公式中的系数待定，其值可能与相对糙率有关。此式与实测资料的比较表明，公式中的系数并非常值，因而说明上述理论推导还存在一定问题。

### 5.5.4 张瑞瑾公式

维利卡诺夫基于对悬浮功的考虑，提出了前边的公式。然而有些试验却表明，挟沙水流的能量损失较同条件下的清水能量损失还小。张瑞瑾[7]基于这一事实认为挟沙水流的能量损失等于清水的能量损失减去"制紊功"，后者可理解为泥沙的抑制作用使紊动减弱而节省下来的能量。挟沙水流在单位时间和单位流程的能量损失可以写作下边这样：

$$\rho g(1-S)\Omega v_{cp}J_s + \rho_s gS\Omega v_{cp}J_s$$

其中：$\Omega$——过水断面积；

$J_s$——挟沙水流的比降。

清水的能量损失可以写作

$$\rho g\Omega v_{cp}J_0$$

其中：$J_0$——清水比降。

假定"制紊功"可以表述如下：

$$c_1(\rho_s - \rho)g\Omega\omega S^{\alpha}$$

其中：$c_1$——比例系数；

$\alpha$——正值指数。

考虑到上述各表述式，能量关系式应当具有如下形式：

$$\rho g(1-S)\Omega v_{cp}J_s + \rho_s gS\Omega v_{cp}J_s = \rho g\Omega v_{cp}J_0 - c_1(\rho_s - \rho)g\Omega\omega S^{\alpha}$$

加以整理后则可写出

$$(\rho_s - \rho)(v_{cp}J_s S + c_1\omega S^{\alpha}) = \rho v_{cp}(J_0 - J_s)$$

张瑞瑾认为 $v_{cp}J_s S$ 可能小于 $c_1\omega S^{\alpha}$，而将前者忽略。但应当指出，这两项的数值到底哪一项大并不是很容易就能够得出结论的。在忽略了这一项后，上式变为

$$S^{\alpha} = \frac{\rho}{\rho_s - \rho}\frac{v_{cp}}{c_1\omega}(J_0 - J_s)$$

按照一般水力学中的阻力公式可以写出

$$J_s = \lambda_s \frac{1}{4R}\frac{v_{cp}^2}{2g}$$

$$J_0 = \lambda_0 \frac{1}{4R}\frac{v_{cp}^2}{2g}$$

式中：$\lambda_s$、$\lambda_0$——分别表示挟沙水流和无沙水流的阻力系数；

$R$——水力半径。

进一步假定

$$\lambda_0 - \lambda_s = c_2 S^{\beta}$$

将上述各关系式代入能量关系式，则可得到挟沙能力公式

$$S = K\left(\frac{v_{cp}^3}{gR\omega}\right)^m \tag{5-54}$$

式中：$K$、$m$——综合系数和综合指数，其值可由图 5-5 中的经验曲线确定。

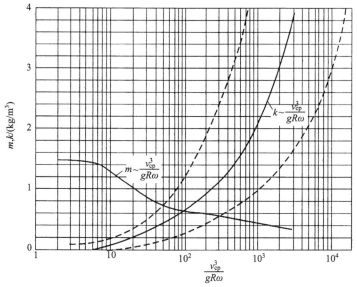

图 5-5 公式 (5-54) 中参数 $m$ 和 $K$ 的计算曲线

应当指出, 此式是根据造床质泥沙资料求得的, 因而给出的数值不是全部输沙率而只是其中较粗的部分。由于公式中的系数和指数都是根据实测资料反求的, 而且数值是变化的, 这个公式能够与野外实测数据一致。但理论前提和采用的一些假定却是没有充分根据的, 因而这个公式具有较大的经验性质。

### 5.5.5 范家骅公式

基于巴连布拉特的理论成果, 范家骅[84]推求了水流的挟沙能力。如果引用清水中的概念, 即认为

$$\overline{V_{x'}V_{y'}} = gJy$$

并利用普朗特对数流速分布公式推求流速梯度, 即取

$$\frac{\mathrm{d}\bar{V}_x}{\mathrm{d}y} = -\frac{v_*}{ky}$$

再利用科尔莫戈罗夫的假定按式 (5-33) 确定阻力功 $Q_{阻}$, 近似认为 $\rho_0 \approx \rho$, 则能量方程式 (5-27) 可以写作

$$\frac{\rho v_*}{k} gJ = a_3 \rho \frac{E^{\frac{3}{2}}}{l} + (\rho_s - \rho)g\omega\bar{S}$$

假定泥沙对脉动能的影响不大, 近似取 $E = E_0 = \dfrac{gJy}{a_3}$, 并假定 $l = k(H-y)$。因而上式又可改写为

$$\bar{S} = \frac{1}{k}\frac{\rho}{\rho_s - \rho}\frac{v_*^3}{gH\omega}\left(1 - \frac{H}{H-y}\right)$$

如将此式沿水深积分，则公式左边即为平均含沙量。由于积分到 $y=H$ 时公式右部将出现无限值，故只积到 $y=H-\Delta$。将上式取定积分，则有

$$\int_0^{H-\Delta}\bar{S}\mathrm{d}y = \frac{1}{k}\frac{\rho}{\rho_s - \rho}\frac{v_*^3}{gH\omega}\int_0^{H-\Delta}\left(1 - \frac{H}{H-y}\right)\mathrm{d}y$$

积分后近似取 $H-\Delta\approx H$，得到

$$S_{\mathrm{cp}} = \frac{1}{k}\frac{\rho}{\rho_s - \rho}\frac{v_*^3}{gH\omega}\left(1 + \ln\frac{\Delta}{H}\right)$$

然而在分析试验资料时发现糙率 $\Delta$ 的影响不大，而与参数 $\dfrac{v_*}{g^{\frac{2}{3}}dv^{-\frac{1}{3}}}$ 关系较为密切。范家骅根据试验资料将上式修改为如下的计算公式：

$$S_{\mathrm{cp}} = \frac{1}{35}\frac{v_{\mathrm{cp}}^3}{gH\omega}\left(\frac{v_* - 0.3\sqrt{gd}}{g^{\frac{2}{3}}dv^{-\frac{1}{3}}}\right) \tag{5-55}$$

此式与南京水利科学研究所(现名南京水利科学研究院)的试验资料基本上一致。虽然在理论推导过程中所采用的一些假定，特别是把 $\left(1 + \ln\dfrac{\Delta}{H}\right)$ 改为

$\left(\dfrac{v_* - 0.3\sqrt{gd}}{g^{\frac{2}{3}}dv^{-\frac{1}{3}}}\right)$，都还值得进一步研究，但利用巴连布拉特的能量方程式来解决输

沙量问题是应当受到重视的，因为这个能量方程式远较前边两位学者依据的方程式严密和正确。

### 5.5.6　笔者建议的公式

前边曾经指出过，当流速很大时，从床面上跳起的泥沙由于受到水流的悬浮作用而成为悬移质泥沙，因而可以利用底沙输沙率公式的结构来确定悬沙的河底含沙量[75]。如果假定这些泥沙在距离床面 $aH$ 的范围内运移，则利用推移质简化公式(4-135)可以求得河底含沙量为

$$S_H = \frac{q_s}{aH\,\overline{v_d}} = \frac{0.048\gamma_s}{aC_0}\frac{d}{H}\frac{\overline{v_{\mathrm{cp}}} - \overline{v_{\mathrm{cp},k0}}}{\overline{v_d}}\frac{\overline{v_{\mathrm{cp}}^3}}{\overline{v_{\mathrm{cp},k0}^3}}$$

式中：$\overline{v_{\mathrm{cp},k0}}$——泥沙颗粒的止动流速，其值由公式(3-49)确定。

考虑到止动流速与 $\sqrt{gd}$ 成正比，因而上式在利用 $a_0$ 表示综合系数后可以得到

$$S_H = a_0\gamma_s \frac{\eta}{C_0} \frac{\overline{v_{cp}} - \overline{v_{cp,k0}}}{\overline{v_{cp,k0}}} \frac{\overline{v_{cp}^2}}{gH}$$

式中：$\eta$——底流速与平均流速的比值，可由图 3-9 查得。

将含沙量分布公式(5-9)沿水深积分并用公式(5-10)确定其中的紊动扩散系数，则可求得平均含沙量与河底含沙量的比值 $6$ 的表述式或绘制如图 5-6 的曲线。利用此比值则可写出挟沙能力公式如下：

$$S_{cp} = a_0\gamma_s \frac{2\eta 6}{C_0} \frac{\overline{v_{cp}} - \overline{v_{cp,k0}}}{\overline{v_{cp,k0}}} \frac{\overline{v_{cp}^2}}{gH} \tag{5-56}$$

式中的系数由实测资料求得

$$a_0 = 0.055$$

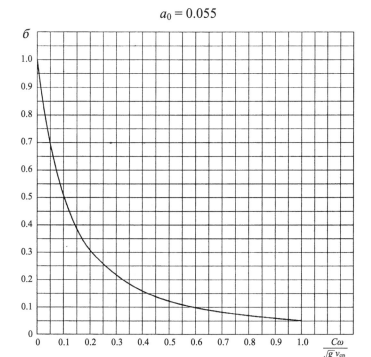

图 5-6　$6$ 曲线图

由于在讨论悬沙问题时，流速都远比其止动流速大，故可以将上式改写为[①]

$$S_{cp} = 0.055\gamma_s \frac{\eta 6}{C_0} \frac{v_{cp}^3}{gHv_{止}} \tag{5-56a}$$

如果上式中的泥沙颗粒容重 $\gamma_s$ 用 kg/m³ 表示，则所算得的含沙量的尺度即为 kg/m³。上式与室内试验资料、渠道资料和河流资料的符合程度见图 5-7。

---

① 为了便于书写，时间平均符号省略，止动流速 $\overline{v_{cp,k0}}$ 改写为 $v_{止}$。

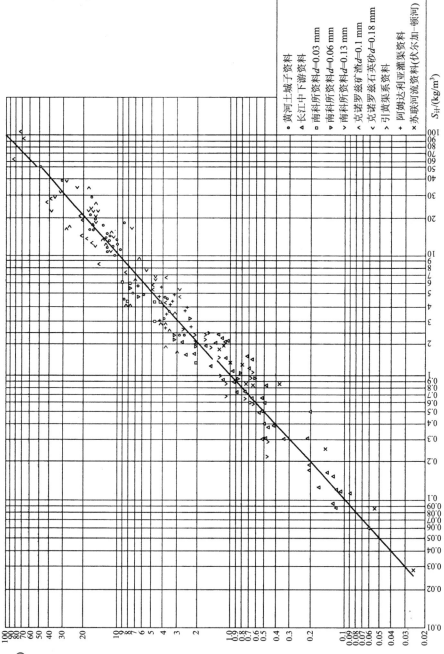

图 5-7　挟沙能力计算值与实测值的比较

应当指出，虽然从表面上看来在上式中含沙量与流速的三次方成正比，但实际上这个次数却是变化的。这一方面是由 $6$ 值的变化引起的，另一方面是由 $C_0$ 的变化造成的。$6$ 值可以近似地表述为

$$6 = \alpha \left( \frac{v_{cp}}{\omega} \right)^m$$

指数 $m$ 值的变化范围为 $0 \sim 1.5$。

在冲积河流中，由于糙率系数常常随着流速的增加而减小，从而使得 $C_0$ 常常与流速成正比。某些河流的实测资料表明，糙率系数 $n$ 有时与流速的一次方成反比。因而公式(5-56)表明的含沙量与流速的次数变化于 $2.0 \sim 4.5$ 之间。这与张瑞瑾公式中含沙量同流速的关系基本上是一致的。

### 5.5.7 挟沙能力的经验公式

由于悬沙运动理论当前还不能圆满地解决挟沙能力问题，因而许多学者对这个问题进行了经验分析并提出了大量公式。虽然这些公式都是根据实测资料获得并在一定范围内能够与实际情况一致，但由于各人所掌握的资料不同，考虑的因素也不完全一致，获得的公式也就很不相同。各家公式不仅在数量上相差悬殊，而且在结构上也有很大差别。这些经验公式的适用范围一般都是不广的，如果超出获得公式时所使用的资料范围，公式就很难给出正确的数值。经验公式的好坏首先取决于在推求公式时所使用的资料的精度，其次取决于使用资料的广度。如果在使用的资料中某种因素变化范围很小，那么所得的经验公式就不能较好地反映这个因素的影响，甚至常常不包含这个因素，因而在这个因素有较大变化的条件下，公式就可能给出错误的答案。下边介绍的经验公式只可参考，不可轻易套用，只有经过当地资料验证后才能采用。

基于较多实测资料获得的经验公式中，首先应当提到扎马林的公式[85]。扎马林利用苏联中亚的大量灌渠资料提出了如下的两个公式：

当沉速为 $0.0004 \leqslant \omega < 0.002$ m/s 时

$$S_{cp} = 11 v_{cp} \sqrt{\frac{H J v_{cp}}{\omega}} \tag{5-57}$$

当泥沙较粗时，即当 $0.002 \leqslant \omega \leqslant 0.008$ m/s 时

$$S_{cp} = 0.022 \left( \frac{v_{cp}}{\omega} \right)^{\frac{3}{2}} \sqrt{H J} \tag{5-57a}$$

式中：流速和沉速用 m/s，水深用 m，$S_{cp}$ 用 kg/m³ 表示。

利用阿姆达利亚灌渠资料，哈恰特良提出了下述公式[86]：

$$S_{\text{cp}} = 0.69 \frac{v_{\text{cp}}^{\frac{3}{2}}}{\sqrt[3]{H\omega}} \tag{5-58}$$

式中：使用的单位仍为 kg·m·s。

阿巴利扬茨分析了中亚渠道资料后得到[87]

$$S_{\text{cp}} = 2b \frac{v_{\text{cp}}^{3}}{H^{\frac{3}{4}}\omega} \tag{5-59}$$

式中：流速用 m/s，水深用 m，沉速用 mm/s，含沙量用 kg/m³ 表示。

洛帕京分析了苏联和欧洲部分的平原河流资料后，建议用下式推求河流中的含沙量[88]：

$$S_{\text{cp}} = \frac{0.1H^{0.67}J}{n\omega} \tag{5-60}$$

式中：n——糙率系数。

沙玉清根据大量实测资料提出了下述公式[11]：

$$S_{\text{cp}} = \frac{A_m}{\omega^{\frac{1}{3}}} \left( \frac{v_{\text{cp}} - v_1 H^{0.2}}{H^{\frac{1}{2}}} \right)^m \left( \frac{H}{d} \right)^{\frac{1}{6}} \tag{5-61}$$

式中：$S_{\text{cp}}$ 用 kg/m³，$\omega$ 用 mm/s，$v_{\text{cp}}$ 和 $v_1$ 用 m/s，$H$ 用 m，$d$ 用 mm 表示。

当弗劳德数＞0.8 时，m=3；当弗劳德数＜0.8 时，m=2。系数 $A_m$ 和 $v_1$ 均需由实测资料确定。

黄河水利委员会水利科学研究所对引黄渠系和黄河的测验资料进行过系统分析，先后提出过几个挟沙能力公式。1957 年提出的引黄渠系公式[89]为

$$S_{\text{cp}} = 490 \frac{d}{H} \frac{v_{\text{cp}}^{3}}{gH\omega} \tag{5-62}$$

式中：$S_{\text{cp}}$ 用 kg/m³，$v_{\text{cp}}$ 用 m/s，$H$ 用 m，$\omega$ 用 cm/s，$d$ 用 mm，$g$ 用 m/s² 表示。

1958 年提出的黄河河渠公式[90]为

$$S_{\text{cp}} = 70 \left( \frac{v_{\text{cp}}^{3}}{gH\omega} \right)^{\frac{3}{4}} \left( \frac{H}{B} \right)^{\frac{1}{2}} \tag{5-63}$$

式中：B 为河宽，用 m 表示，其余单位与前式同。

克诺罗兹基于自己的试验资料提出了下述公式[91]：

$$S_{\text{cp}} = \left( \frac{v_{\text{cp}} - 3.5\sqrt{gd}\lg\frac{H}{4d}}{3.5} \right)^4 \left( \frac{d}{H} \right)^{1.6} \tag{5-64}$$

范家骅重新分析了克诺罗兹的试验资料，发现下述简单公式也完全能够概括克诺罗兹的试验资料[92]

$$S_{cp} = 0.25 \times 10^{-6} \frac{v_{cp}^4}{\omega^2 H} \tag{5-65}$$

这个公式虽然与南科所的一组试验沙资料($d$=0.03 mm)符合，但却没有得到其他组次以及野外资料的证实。针对南科所的全部试验数据，范家骅提出了公式(5-55)。

应当指出，上述这些经验公式都只是针对某些具体资料提出的，没有一个公式能够较好地概括室内试验资料、渠道资料和河流资料，因而它们的适用范围是比较狭窄的。正是由于这些公式都只是重点反映了挟沙能力这一复杂问题的某一方面或某几方面，使得这些公式无论在结构上和数量上都有很大差别。如果针对表 5-2 中所给出的两种水力条件，按本节中介绍的各公式进行计算，则所得的含沙量数值相差非常大(表 5-3)。针对水槽试验情况，按照卡拉乌舍夫公式算出的含沙量值较按扎马林公式算出的数值大 56 倍。针对渠道资料，克诺罗兹公式给出的数值较洛帕京公式给出的数值大 226 倍。由此可见，在利用这些公式解决实际问题时必须慎重。

表 5-2 水槽和渠道测量资料

| 序号 | $H$/cm | $v_{cp}$/(cm/s) | $J$ | $\omega$/(cm/s) | $d$/mm | 实测值 $S_{cp}$/(kg/m³) | 备注 |
|---|---|---|---|---|---|---|---|
| 1 | 14.1 | 67.9 | 0.00081 | 1.15 | 0.11 | 1.73 | 南科所试验资料 |
| 2 | 145 | 93.0 | 0.00011 | 0.091 | 0.037 | 8.05 | 引黄渠系资料 |

表 5-3 各公式计算含沙量与测量值比较

| 序号 | 计算公式 | 含沙量的计算值/(kg/m³) | |
|---|---|---|---|
| | | 水槽资料 | 渠道资料 |
| 1 | 卡拉乌舍夫公式(5-52) | 6.10 | 12.7 |
| 2 | 张瑞瑾公式(5-54) | 3.92 | 8.65 |
| 3 | 范家骅公式(5-55) | 1.70 | 15.80 |
| 4 | 扎马林公式(5-57) | 0.11 | 4.22 |
| 5 | 哈恰特良公式(5-58) | 3.66 | 8.55 |
| 6 | 阿巴利扬茨公式(5-59) | 3.15 | 17.7 |
| 7 | 洛帕京公式(5-60) | 1.08 | 3.28 |
| 8 | 克诺罗兹公式(5-64) | 3.44 | 740 |
| 9 | 笔者公式(5-56) | 1.87 | 7.87 |
| 10 | 实测含沙量值 | 1.73 | 8.05 |

# 5.6　含沙量的沿程变化规律

前节中给出的公式都只能用以确定水流的挟沙能力，即只能确定河床不冲不淤条件下水流中的含沙量。由于在天然河流中河床一般经常处于冲淤交替的状态，水流中的含沙量常常不等于其挟沙能力。有时含沙量大于水流的挟沙能力，河床处于淤积过程；有时含沙量小于水流的挟沙能力，河床处于冲刷过程。河床真正不冲不淤的情况是少见的，因而一般不能直接用水流挟沙能力公式来计算河流的真实含沙量。泥沙颗粒越细，超饱和能力越强，因而在流速减小后水流中的含沙量可能远远超过其挟沙能力。细颗粒泥沙由不饱和恢复到饱和往往也需要较长的距离，因而当流速增大后，水流中的细颗粒泥沙数量有时也远远小于水流的挟沙能力。由此可见，泥沙越细，直接由挟沙能力公式算出的数值与实际数值可能相差越大。因此必须研究河流中含沙量的沿程变化规律。

取某一微小河段(图 5-8)，其长度为 $\delta x$，水深为 $H$，河宽为 $B$。在 $a$-$a'$ 和 $b$-$b'$ 断面间的含沙量为 $S$，流量为 $Q$。

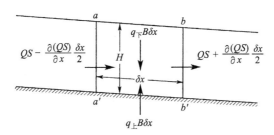

图 5-8　沙量平衡示意图

当水流通过讨论河段时，水流中的悬沙将与河底上的泥沙发生交换，用 $q_\text{上}$ 表示单位时间内从单位面积的河底所掀起的泥沙数量，用 $q_\text{下}$ 表示单位时间内从水流中通过单位面积下沉的泥沙数量。单位时间内通过 $a$-$a'$ 断面进入讨论河段的泥沙数量为

$$QS - \frac{1}{2}\frac{\partial(QS)}{\partial x}\delta x$$

通过 $b$-$b'$ 断面流出的泥沙数量为

$$QS + \frac{1}{2}\frac{\partial(QS)}{\partial x}\delta x$$

从河床上冲起的泥沙数量为 $q_\text{上}B\delta x$，由水体中下沉到河底的泥沙数为 $q_\text{下}B\delta x$。在讨论恒定输沙的条件下，即含沙量不随时间变化的条件下，可得沙量平衡方程式

如下：

$$\left[QS - \frac{1}{2}\frac{\partial(QS)}{\partial x}\delta x\right] - \left[QS + \frac{1}{2}\frac{\partial(QS)}{\partial x}\delta x\right] + q_{\perp}B\delta x - q_{\text{下}}B\delta x = 0 \qquad (5\text{-}66)$$

由于只讨论含沙量的沿程变化，因而对 $x$ 的偏导数都可以改为全导数。上式经过整理后具有如下形式：

$$\frac{\mathrm{d}(Qs)}{\mathrm{d}x} - q_{\perp}B + q_{\text{下}}B = 0 \qquad (5\text{-}66a)$$

这种形式的方程式首次由卡拉乌舍夫导得。

在这个方程式中除了 $S$ 外还有 $q_{\perp}$ 和 $q_{\text{下}}$ 为未知数，因而只有采用补充条件确定 $q_{\perp}$ 和 $q_{\text{下}}$ 后才能得出含沙量的沿程变化规律。

### 5.6.1 卡拉乌舍夫公式

卡拉乌舍夫[93]基于扩散理论的基本概念，认为

$$q_{\text{下}} = \omega S$$

$$q_{\perp} = k(S_{\text{掀}} - S)$$

式中：$S_{\text{掀}}$——掀动含沙量；

$k$——比例系数，其值由下边界条件确定。

当含沙量 $S$ 等于其水流的挟沙能力 $S_*$时，由于河床不发生冲淤，故 $q_{\perp}$ 应当与 $q_{\text{下}}$ 的数量相等。因而有

$$\omega S_* = k(S_{\text{掀}} - S_*)$$

由此得

$$k = \frac{\omega S_*}{S_{\text{掀}} - S_*}$$

由式 (5-52a) 和马卡维耶夫挟沙能力公式可知，$S_{\text{掀}} = \dfrac{S_*}{6\phi}$，因而得到

$$k = \frac{6\phi}{1 - 6\phi}\omega \qquad (5\text{-}67)$$

将 $q_{\perp}$ 和 $q_{\text{下}}$ 代入式 (5-66a) 后，在流量沿程不变的条件下有

$$Q\mathrm{d}S = -\left[(\omega + k)S - kS_{\text{掀}}\right]B\mathrm{d}x$$

如果假定在某一距离内水力条件变化不大，可以用其平均值来代表，则上式很容易积分。积分后有

$$\frac{Q}{\omega + k}\ln\left[(\omega + k)S - kS_{\text{掀}}\right] = -Bx + c_1$$

式中：$c_1$——积分常数。

当 $x=0$ 时，$S=S_I$，其中 $S_I$ 为开始断面，即第一断面的含沙量。在确定积分常数后，上式具有如下形式：

$$S = S_* + (S_I - S_*)\mathrm{e}^{-\frac{\omega+k}{vH}x} \tag{5-68}$$

式中：$v$——断面平均流速。

利用这个公式可以计算含沙量的沿程变化。但是由于这个公式中的指数 $\dfrac{\omega+k}{vH}$ 较大，在一般常见的水力泥沙因子下，当 $x$ 为 1～2 km 时，上式右边第二项的数值就已经变为很小，几乎可以忽略不计，因而常常无法利用此式进行计算。应当指出，当泥沙颗粒较细时，由于 $\phi\sigma$ 趋向于 1，而使 $k$ 值增大并趋向于无限大（见公式(5-67)），这说明颗粒越细，其含沙量值越容易与水流挟沙能力接近，即越不容易出现超饱和或不饱和现象。然而事实恰与公式(5-68)的结论相反，颗粒越细，含沙量对水力因子的变化越不敏感，因而越易出现超饱和或不饱和现象。但也应当指出，虽然由于公式中的参数 $k$ 确定得不当，公式与实际有一定的矛盾，但这种考虑问题的途径仍有很大参考价值。

### 5.6.2 笔者的公式

笔者在研究潮汐水流中的悬沙运动规律时，作为不恒定流的一种特例，讨论了恒定流中的泥沙沿程变化规律[94]。

水体中的悬沙在紊动和重力双重作用下，有时悬浮，有时下沉，在一般情况下，每个悬沙颗粒的沉降概率可以认为是相等的。如果用 $\alpha$ 表示任一悬沙颗粒在时间间隔 $t_0$ 内的沉降概率，则可以写出从水层厚度为 $\lambda$ 的水体中在 $t_0$ 时间内下沉的泥沙数量。如令此值为 $W_下$，则有 $W_下 = \alpha S \lambda B \delta x$；另一方面 $W_下 = q_下 B \delta x t_0$，因而求得

$$q_下 = \alpha S \frac{\lambda}{t_0}$$

显然 $\dfrac{\lambda}{t_0}$ 是泥沙颗粒的特征速度，取其为 $\omega$。因此上式可以写作

$$q_下 = \alpha S \omega \tag{5-69}$$

当水流的竖向脉动流速的绝对值较大时，水流对泥沙颗粒的悬浮作用较强，泥沙颗粒很难下沉。因而可以假定，只有当竖向脉动流速按其绝对值小于泥沙颗粒的沉速时，泥沙颗粒才有可能沉落于床面。基于这个假定，泥沙颗粒的沉降概率可由下式确定：

$$\alpha = \frac{2}{\sqrt{2\pi}\sigma_y} \int_0^\omega e^{-\frac{1}{2}\left(\frac{v_{y'}}{\sigma_y}\right)^2} dv'_y = \phi\left(\frac{\omega}{\sigma_y}\right) \tag{5-70}$$

函数 $\phi\left(\dfrac{\omega}{\sigma_y}\right)$ 可以根据 $\dfrac{\omega}{\sigma_y}$ 值由概率积分表中查得。在 4.6 节的图 4-16 中曾给出

$1-\beta$ 的概率曲线，其中 $\beta$ 为不沉降概率或悬浮概率。由于沉降概率与不沉降概率之和应为 1，即 $\alpha+\beta=1$，故 $\alpha=1-\beta$。因而可以利用图 4-16 中的 $1-\beta$ 曲线来确定沉降概率 $\alpha$。

当河流中的含沙量等于其挟沙能力时，$q_\text{上} = q_\text{下}$，由此可得

$$q_\text{上} = q_{\text{下}(\text{当}S=S_*\text{时})} = \alpha S_* \omega \tag{5-71}$$

其中挟沙能力 $S_*$ 可由前节中挟沙能力公式，例如由公式 (5-56) 确定。

将式 (5-69) 和式 (5-71) 代入式 (5-66a) 后得到

$$dS = -\frac{\alpha\omega}{v_0 H}(S - S_*)dx \tag{5-72}$$

如果在某一河段内水力因子变化很小，可以近似地认为其值不变或者可以用河段的平均值来表示，则上式积分后有

$$\ln(S - S_*) = -\frac{\alpha\omega}{vH}x + \ln c_1$$

式中积分常数需由边界条件确定。当 $x=0$ 时，$S$ 应为开始断面（用 I 表示）的含沙量，即 $S=S_\text{I}$。将此边界条件代入上式后求得 $c_1 = S_\text{I} - S_*$。因此上式经过简单整理后可以写出

$$S = S_* + (S_\text{I} - S_*)e^{-\frac{\alpha\omega}{vH}x} \tag{5-73}$$

如果用 $\Delta x$ 表示两断面之间距，则后一断面处的含沙量 $S_\text{II}$ 应由下式确定：

$$S_\text{II} = S_* + (S_\text{I} - S_*)e^{-\frac{\alpha\omega}{vH}\Delta x} \tag{5-74}$$

正如前述，当水力因子沿程变化时，式中 $v$、$H$、$\alpha$、$\omega$ 都是两断面的平均值，挟沙能力 $S_*$ 也需根据平均水力因子来计算。

原则上，上述公式可以被用来确定水库清水下泄后的冲刷距离。然而，冲刷段的长短在一般情况下不仅取决于泥沙的恢复饱和特性，而且也取决于水力因子的沿程变化情况。在其他因素相同的条件下，如果水流挟沙能力沿程增加，冲刷距离就较长；如果挟沙能力沿程减小，冲刷距离就较短。因而在计算冲刷距离时需要分段进行。如果水力因子沿程变化不大，可以利用式 (5-74) 粗估泥沙的恢复饱和距离。为此上式可以改为

$$\Delta x = \frac{vH}{\alpha \omega} \ln \frac{S_* - S_I}{S_* - S_{II}}$$

如果令第一断面为清水，即 $S_I = 0$，第二断面的含沙量 $S_{II}$ 只与挟沙能力相差 $\Delta S$，即 $S_{II} = S_* - \Delta S$，则上式应为

$$\Delta x = \frac{vH}{\alpha \omega} \ln \frac{S_*}{\Delta S} \tag{5-75}$$

上式表明，泥沙颗粒越细，$\alpha$ 和 $\omega$ 都越小，因而恢复饱和距离越长。这也表明，泥沙颗粒越细，某一河段的含沙量与其上游段的含沙量数值的关系越密切。这就足以解释为什么通常被称作非造床质或冲泻质的细颗粒泥沙的含沙量与当地的水力因子没有密切关系。可以指出，当泥沙粒径较细、流速较大时，恢复饱和距离 $\Delta x$ 按公式(5-75)可能达几十或几百公里。但也应当指出，虽然公式(5-75)在定性方面与实际情况一致，但在定量方面究竟如何，还需要资料验证。

# 参 考 文 献

[1]  Sternberg H. Untersuchungen uber langen-und querprofil geschiebefuhrender flusse. Zeitschrift für Bauwesen XXV, 1875: 483-506.

[2]  Лохтин В М. О механизме речного русла//Твердислов А А. Вопросы гидротехники свободных рек. Москва: Речиздат, 1948.

[3]  Лопатин Г В. Опыт анализа зависимости средней мутности речных вод от главнейших природных факторов водной эрозии. Известия АН СССР: Серия географическая, 1958, (4): 91-98.

[4]  Einstein H A. The bed-load function for sediment transportation in open channel flows. Washington: U. S. Department of Agriculture, 1950.

[5]  Гончаров В Н. Основы динамики русловых потоков//Учеб. пособие для гидрометеорол. ин-тов. Ленинград : Гидрометеоиздат, 1954.

[6]  钱宁. 关于"床沙质"和"冲泻质"的概念的说明. 水利学报, 1957, (1): 29-45.

[7]  武汉水利电力学院. 河流动力学, 1961.

[8]  Oseen C W. Über die Stokessche formel und über eine verwandte aufgabe in der Hydrodynamik. Arkiv för Matematik, Astronomioch Fysik,1910, 6(29): 1-20.

[9]  Goldstein S. The steady flow of viscous fluid past a fixed spherical obstacle at small reynolds numbers. Proceedings of the Royal Society A: Mathematical, Physical and Engineering Sciences, 1929, 123(791): 225-235.

[10]  Rubey W W. Settling velocities of gravel, sand, and silt particles. American Journal of Science, 1933, (148): 325-338.

[11]  沙玉清. 泥沙运动的基本规律. 泥沙研究, 1956, 1(2): 1-54.

[12]  Боголюбова И В, Кучмент Л С. Исследование гидравлической крупности в средах различной плотности и вязкости. Труды ГГИ, вып. 86, 1960.

[13]  蔡树棠. 泥沙在静水中的沉淀运动——(Ⅰ)含沙浓度对沉速的影响. 物理学报, 1956, 12(5): 402-408.

[14]  Кургаев Е Ф. Исследование стесненного осаждения твердых частиц при малых числах Рейнольдса. Известия АН СССР ОТН, 1958, (5).

[15]  Минц Д М, Шуберт С А. Гидравлика зернистых материалов. Москва: Изд-во М-ва коммун, 1955.

[16]  南京水利科学研究所. 天津新港回淤问题研究报告, 1961.

[17]  Leliavsky S. An Introduction to Fluvial Hydraulics. London: Constable & Company Ltd., 1955.

[18]  窦国仁. 泥沙运动理论. 南京水利科学研究所技术资料, 1963.

[19] Бурлай И Ф. О начальной скорости донного впегения. Метеорология и Гидрология, 1946, (6): 51-57.

[20] Доу Го-жень. Вопросы устойчивости речных русел//Труды Ⅲ Всесоюзного гидрологического съезда. Том 5, 1960.

[21] 窦国仁. 论泥沙起动流速. 水利学报, 1960, (4): 44-60.

[22] Доу Го-жень (窦国仁). К теория трогания частиц наносов. Scientia Sinica, 1962, 11(7): 999.

[23] 爱因斯坦 H A. 明渠水流的挟沙能力. 钱宁, 译. 北京: 水利出版社, 1956.

[24] Дементьев М А. Интерференция двух сфер в потоке жидкости. Известия ВНИИГ, 1935, 15.

[25] Дементьев М А. Транспорт одиночного твердого тела неоднородным потоком жидкости. Известия ВНИИГ, 1955, 54.

[26] Егиазаров И В. Обобщенное уравнение транспорта несвязных наносов. Козффициент сопротивления размываемого русла и неразмывающая скорость//Труды Ⅲ Всесоюзного гидрологическго сьезда. Том Ⅴ Ленинград, 1960.

[27] Егиазаров И В. К решению задачи о транспорте несвязных наносов любых фракций с учетом влияния концентрации в слое придонной мутности. Известия АН СССР ОТН, 1959, (5).

[28] Дерягин Б В, Кротова Н А. Адгезия//Исследования в области прилипания и клеящего действия. Москва: Изд-ва Акад, 1949.

[29] Гончаров В Н. Динамика русловых потоков Москва: Гидрометеоиздат , 1962.

[30] Великанов М А. Исследование размывающих скоростей//Проверка и уточнение закона Эри. Москва: Огиз, 1931.

[31] Войнович П А, Деметьев М А. Об уравнении размыва. Известия ВНИИГ, 1932, 6.

[32] Пущкарев В Ф. Движение влекомых наносов. Труды ГГИ, 1948, 8(62).

[33] Кнороз В С. Неразмывающая скорость для несвязных грунтов и факторы, ее определяющие. Известия ВНИИГ, 1958, 59.

[34] Meyer-Peter E, Müller R. Formula for bed load transport. International Association for Hydraulic Structures Research, Delft, 1948: 39-64.

[35] Егиазаров И В. Моделиравание горных потоков, влекущих донные наносы. ДАН Армянской ССР, 1948, 8(5).

[36] Рубинштейн Г Л. Совместное влияние фильтрационного и руслового потоков ha величину размывающей скорости. Известия ВНИИГ, 1954, 52: 40-50.

[37] Ревяшко С К. Исследование размываемости грунтов. труды Белорусск. Мелиорации и водного хозяйства, 1958, 8.

[38] Hjulström F. Studies of the Morphological Activity of Rivers as Illustrated by the River Fyris. Uppsala: Almqvist och Wiksell, 1935.

[39] Kramer H. Sand mixtures and sand movement in fluvial model. Transactions of the American

Society of Civil Engineers, 1935, 100(1).

[40] USWES. Studies of River Bed Materials and Their Movement, with Special Reference to the Lower Mississippi River. Paper 17, 1935.

[41] 何之泰. 河底冲刷流速之测验. 水利, 1934, 6(6).

[42] 李保如. 泥沙起动流速的计算方法. 泥沙研究, 1959, 4(1).

[43] Chang Y L. Laboratory investigation of flume traction and transportation. Transactions of the American Society of Civil Engineers, 1939, 104(1).

[44] 侯穆堂等. 起动流速的试验研究. 大连工学院学刊, 1957, (4).

[45] 安芸皎一. 河相论. 东京: 常磐书房, 1951.

[46] Гончаров В Н. Движение наносов в равномерном потоке. Москва: ОНТИ, Глав. ред. строит. лит-ры, 1938.

[47] Бодряшкин Я В. К вопросу определения скоростей для условия предельной устойчивости наносов на дне потока. Известия АН Узб ССР, 1961, (2).

[48] Shields A. Anwendung der Aebnlichkeitsmechanik und der Turbulentzforschung auf die Geschiebebewegung. Berlin: Mitteilungen der Preuβischen Versuchsanstalt für Wasserbau und Schiffbau, 1936.

[49] Sundborg A. The River Klarälvena Study of Fluvial Processes. Stockholm: Esselte Aktiebolag, 1956.

[50] Camp T R. Sedimentation and the design of settling tanks. Transactions of the American Society of Civil Engineers, 1946, 111(1).

[51] Егиазаров И В. Транспортирующая способность открытых потоков. Известия. АН СССР ОТН, 1956, (2).

[52] Леви И И. По поводу статьи И. В. Егиазарова "Транспортирующая способность открытых потоков". Известия АН СССР ОТН, 1956, (9).

[53] 李昌华, 孙梅秀. 液体黏性对泥沙开动剪力的影响. 南京水利科学研究所报告, 1964.

[54] Великанов М А. Динамика русловых потоков. Том Ⅱ. Ленинград: Гидрометеоиздат, 1955.

[55] Einstein H A. Formulas for the Transportation of Bed-Load. Transactions of the American Society of Civil Engineers, 1942, 107(1).

[56] Bagnold R A. The flow of cohesionless grains in fluids. Philosophical Transactions of the Royal Society A: Mathematical, Physical and Engineering Sciences, 1956, 249(964): 235-297.

[57] Danel P, Durand R, Condolios E. Introduction to the study of saltation. La Houille Blanche, 1953, 39(6): 815-829.

[58] DuBoys M P. Le Rhone et les rivieres a lit affouillable. Annales de Ponts et Chausses, 1879, 18(5): 141-195.

[59] Schoklitsch A. Uber Schleppkraft und Geschiebebewegung 1914. London: Kessinger Publishing, LLC, 2010.

[60] O'Brien M P, Rindlaub B D. The transportation of bed-load by streams. Transactions,

American Geophysical Union, 1934, 15(2): 593-603.

[61] Поляков Б В. Гидрологический анализ и расчеты. Ленинград: Гидрометеоиздат, 1946.

[62] Гвелесиани Л Г. Режим наносов реки риони//Известия Тбилисского научно-исследовательского института сооружений и гидроэнергетики. Том 3, 1950.

[63] Шамов Г И. Речные наносов. Ленинград: Гидрометеоиздат, 1954.

[64] MacDougall C H. Bed-sediment transportation in open channels. Transactions, American Geophysical Union, 1933, 14(1): 491-495.

[65] Gilbert G K. The Transportation of Debris by Running Water. Washington: U. S. Geological Survey, 1914.

[66] Schoklitsch A. Geschiebebewegung in Flüssen und an Stauwerken. Berlin: Springer, 1926.

[67] Meyer-Peter E, Favre H, Einstein A. Neuere Versuchsresultate über den Geschiebetrieb. Schweizerische Bauzeitung, 1934, 103(13): 147-150.

[68] Барекян А Ш. Расход руслоформирующих наносов и элементы песчаных волн. Метеорология и гидрология, 1962, (8): 33-35.

[69] Егиазаров И В. Расход влекомых потоком наносов. Изв, АН Арм. ССР. ОТН. Т. II, No. 5, Ереван,1949.

[70] Великанов М А. Русловой процесс. Москва: физматгиз, 1958.

[71] Einstein H A. Der Geschiebetrieb als Wahrscheinlichkeitsproblem//Mitteilung der Versuchsanstalt für Wasserbau an der Eidgenössische technische Hochschule in Zürich, Zürich, 1937.

[72] Yalins M. An Expression for bed-load transportation. Journal of the Hydraulics Division, 1963, 89(3).

[73] Маккаввев В М. К теории трурбулентного режима и взвешивания наносов. Ленинград: изд. и тип. Гос. гидрол. ин-та, 1931.

[74] O'Brien M P. Review of the theory of turbulent flow and its relation to sediment-transportation. Transactions, American Geophysical Union, 1933, 14(1): 487-491.

[75] Доу Го-жень (窦国仁). Перемещение наносов и устойчивость дна водных потоков, 1960.

[76] Vanoni V A. Transportation of suspended sediment by water. Transactions of the American Society of Civil Engineers, 1946, 111(1).

[77] Проскуряков А К. К вопросу о двух теориях переноса взвешенных наносов//Проблема русловых процессов. Ленинтрад: Гидрометеоиздат, 1953.

[78] Баренблатт Г И. О движении взвешенных частиц в турбулентном потоке. Прикладная математика и механика, 1953, 17(3): 261-274.

[79] Колмогоров А Н. Локальная структура турбулентности в несжимаемой вязкой жидкости при очень больших числах Рейнольдса. Докл. АН СССР, 1941, 30(4): 299.

[80] Франкль Ф И. К теории движения взвешенных наносов. Докл. АН СССР, 1953, (2).

[81] Франкль Ф И. Уравнение энергии для движения жидкостей со взвешенным наносамн. Докл. АН СССР, 1955, 102(5).

[82] Маккавеев В М, Коновалов И М. Гидравлика. Ленинград: Речиздат, 1940.

[83] Караушев А В. Гидравлика Рек и Водохранилищ. Издательство: Речной Транспорт, 1955.

[84] 中国水利水电科学研究院, 南京水利科学研究所. 悬沙量试验初步简要报告, 1958.

[85] Замарин Е А. Транспортирующая способность и допускаемые скорости течения в каналах, Госстройиздат, 1951.

[86] Хачатрян А Г. Насыщение потока наносами и динамика и осаждения. Гидротехника и мелиорация, 1954, (6).

[87] Абальянц С Х. Транспортирующая способность открытого равномерного потока. Гидротехника и мелиорация, 1954, (7).

[88] Лопатин Г В. Наносы рек СССР. Москва: Географгиз, 1952.

[89] 水利部黄河水利委员会. 引黄渠系挟沙能力的初步研究. 人民黄河, 1957, (9): 31-37.

[90] 麦乔威, 赵苏理. 黄河水流挟沙能力问题的初步研究. 泥沙研究, 1958, 3(2): 1-39.

[91] Кнороз В. С. Безнапорный гидротранспорт и его расчет. Известия ВНИИГ, 1951, 44.

[92] 范家骅. 饱和悬砂量第一阶段试验报告. 南京: 水利部南京水利实验处, 1954.

[93] Караушев А В. Проблемы динамики естественых водных потоков. Ленинград: Гидрометеоиздат, 1960.

[94] 窦国仁. 潮汐水流中的悬沙运动及冲淤计算. 水利学报, 1963, (4): 13-23.